내가 하고 싶은 일, IT 개발자

내가 하고 싶은 일, IT 개발자

고코더 글 | 조승연 그림

휴먼어린이

차례

등장인물 **8**

프롤로그 **띵동! 이메일이 도착했습니다 10**

1 개발자란 어떤 직업인가요?

개발자의 출근길	**16**
컴퓨터에게 편지를 보내는 개발자	**21**
개발자를 꿈꾸게 된 이유	**30**
궁금증 해결! 36	

2 코딩은 무엇인가요?

IT 회사의 아침 회의	**40**
코딩은 어떻게 하는 거예요?	**45**
나도 개발자 고코더 선생님과 유튜브 만들기 1 **50**	

3 코딩으로 무엇을 만들 수 있나요?

프로그램을 설계하는 기획자   58

상상을 현실로 만드는 코딩   63

나도 개발자 고코더 선생님과 유튜브 만들기 2   70

4 코딩은 잘 고쳐 나가는 게 중요해요!

기능을 점검하는 소프트웨어 테스터   78

개발자의 점심시간   86

궁금증 해결! 92

5 회의를 시작하겠습니다!

프로젝트란 무엇인가요? 96

개발자의 책상 106

나도 개발자 고코더 선생님과 유튜브 만들기 3 112

6 개발자는 어떤 일을 하나요?

프론트엔드와 백엔드 118

스마트폰 앱을 만드는 방법 128

궁금증 해결! 138

7 비상사태! 장애가 발생했어요!

언제나 비상사태에 대비하는 개발자   **142**

개발자의 야근   **145**

나도 개발자 고코더 선생님과 유튜브 만들기 4   **148**

8 개발자가 되려면 어떻게 해야 하나요?

미래의 개발자에게 보내는 편지   **154**

에필로그   **개발자는 내일도 코딩을 합니다**   **164**

 등장인물

미래의 개발자 이준혁

개발자를 꿈꾸는 호기심 많은 어린이.
유튜브처럼 멋진 프로그램을 만들고 싶어
개발자에 대해 찾아보다가
고코더에게 이메일을 보내게 된다.

개발자 고코더

자신의 직업을 사랑하는 열정적인 개발자.
'고코더'는 '개발자가 되자(Go+Coder)'라는 뜻으로,
온라인에서 사용하는 별명이다.
누군가를 돕는 일을 좋아하며 주위 사람들을 잘 챙긴다.
낮에는 회사에서 일하고, 저녁에는 글을 쓰거나
코딩을 가르치면서 부지런하게 살아간다.

신입 개발자 하유진

궁금한 건 못 참는 신입 사원.
엉뚱해서 어디로 튈지 모르지만
일할 때는 누구보다 똑똑하게 문제를 해결한다.
외국에서 대학교를 다녀서 영어를 잘하며
언제나 열정이 넘친다.

선배 개발자 김성현

후배들에게 커피 사 주기를 좋아하는 자상한 개발자.
후배들을 돕는 데 물불 가리지 않고,
항상 가장 일찍 출근해서 사무실을 지킨다.
가끔은 너무 착해서 바보처럼 보이기도 하지만
코딩을 시작하면 카리스마 있는 모습으로 돌변한다.

기획자 이온유

부지런하고 활력이 넘치는 기획자.
항상 여기저기 바쁘게 뛰어다닌다.
완벽주의자답게 모든 일에 최선을 다하며
일 욕심이 많아서 가장 늦게 퇴근하곤 한다.

소프트웨어 테스터 김지나

언제나 밝고 명랑한 소프트웨어 테스터.
똑똑하고 판단이 빠르며
어떤 상황에서든 조리 있게 말한다.
가끔 개발자와 다투기도 하지만
속마음은 그 누구보다 여리고 착하다.

팀장 김지원

쩌렁쩌렁한 목소리의 팀장.
우렁찬 목소리만큼 발걸음도 힘차다.
팀원들을 잘 챙기고 항상 의욕이 넘치며 일을 매우 잘한다.
일이 잘 풀리지 않으면 종종 화를 내기도 하지만
금세 후회하고 사과한다.

프롤로그

띵동!
이메일이 도착했습니다

"타닥, 타닥, 타닥."

조용한 사무실에 키보드 두드리는 소리만 가득합니다. 많은 사람이 오가는 지하철역 옆, 10층짜리 건물 4층에 자리한 작은 사무실에서 30명 정도의 개발자들이 일하고 있습니다. 사무실 가운데 있는 큰 책상에는 사람들이 옹기종기 모여 알 수 없는 이야기를 나눕니다. 자세히 들어 보니 '코딩' 이야기를 하는 것 같습니다. 빽빽하게 놓인 책상들 사이를 지나면 보이는 창가 옆자리에서는 누군가 열심히 키보드를 두드리고 있습니다. 마른 몸에 큰 키, 곱슬머리를 가진 개발자 '고코더' 삼촌입니다.

"왜 이렇게 안 되지?"

고코더 삼촌은 무언가 마음대로 되지 않는지 머리를 긁적거리면서 혼잣말을 중얼거립니다. 그때 모니터 한쪽에 이메일이 도착했다는 알림이 뜹니다.

"이 시간에 누구지?"

고코더 삼촌은 키보드 위에서 바쁘게 움직이던 손을 떼고, 마우스 커서를 옮겨 조심스럽게 메일함 아이콘을 클릭합니다. 받은 편지함 목록 맨 위에 방금 온 메일이 보입니다.

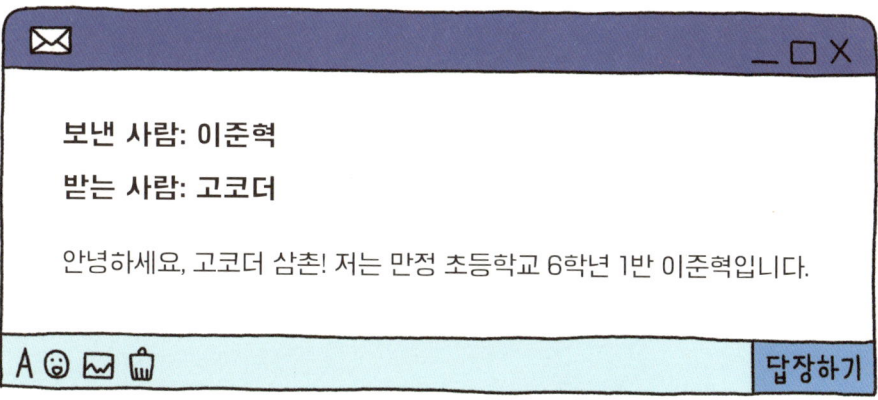

메일을 클릭한 순간, 누군가 급하게 고코더 삼촌을 부릅니다.

"선배! 회의 시작했어요. 빨리 오세요!"

이제야 회의 일정이 생각난 고코더 삼촌은 열어 놓은 메일을 그대로 둔 채 정신없이 회의실로 뛰어갑니다. 모니터 화면으로 메일의 다음 내용이 흐릿하게 보입니다. 고코더 삼촌을 찾는 누군가의 메일은 화면에 잠시 떠 있다가, 몇 분 뒤 모니터가 절전 모드로 바뀌면서 서서히 사라져 갑니다.

오후 6시가 되자 조용하던 사무실이 들썩입니다. 열심히 일하던 개발자들이 퇴근할 시간이기 때문입니다. 모두가 사무실을 빠져나간 시간에도 고코더 삼촌은 아직 떠나지 못하고 있습니다. 아마도 오늘 있었던 회의 내용을 정리하고 있는 것 같습니다. 고코더 삼촌은 부지런히 키보드를 두드리다가 문득 아까 받았던 의문의 메일을 떠올립니다. 이번에는 제대로 내용을 확인합니다.

개발자에 관한 책도 쓰고, 온라인으로 코딩 강의도 하면서 개발자를 꿈꾸는 사람들을 도왔던 고코더 삼촌도 초등학생 어린이의 메일은 처음입니다. 고코더 삼촌은 하던 일을 멈추고 잠깐 생각에 잠겼다가, 이내 꿈 많은 어린이를 위해 용기를 내기로 합니다.

보낸 사람: **고코더**
받는 사람: **이준혁**

안녕, 나는 개발자 고코더 삼촌이야!

보내기

어둡고 텅 빈 사무실이 고코더 삼촌의 키보드 두드리는 소리로 채워집니다.

"타닥, 타닥."

고코더 삼촌은 낮에 일하던 모습처럼 열심히 답장을 써 내려갑니다. 유튜브처럼 멋있는 프로그램을 만드는 개발자가 되고 싶은 준혁이와 개발자를 꿈꾸는 사람들을 이끌어 주는 고코더 삼촌의 이야기가 지금부터 시작됩니다.

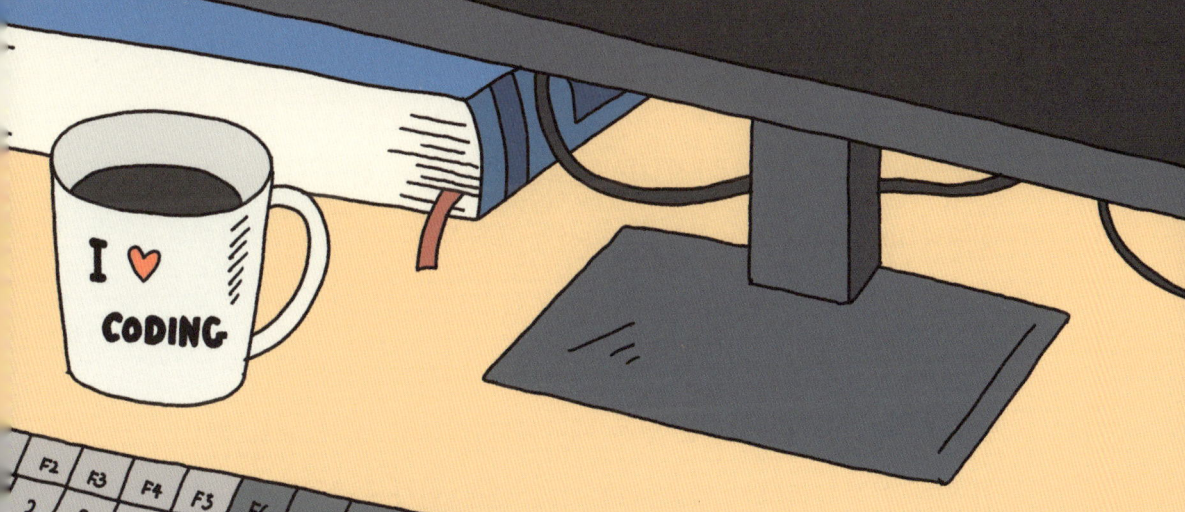

1
개발자란 어떤 직업인가요?

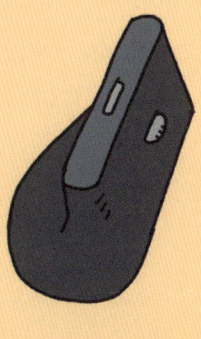

개발자의 출근길

"열차가 곧 출발하오니……."

고코더 삼촌은 매일 아침 지하철로 출근합니다. 현재 시각은 오전 9시 30분, 앞으로 30분 뒤면 회사에 도착할 예정이지요. 그런데 이상하네요. 삼촌의 직장 동료들은 오전 9시에 출근해서 이미 일하고 있는데, 왜 고코더 삼촌만 늦게 출근할까요? IT 회사에서는 갑작스럽게 시스템이 고장 났을 때 이를 수리하기 위해 밤늦게까지 일해야 하는 상황이 있습니다. 이런 경우 회사에서 다음 날 한 시간 정도 늦게 출근하도록 배려해 주기도 합니다. 물론 모든 회사가 그렇진 않지만, 저마다 다른 방식으로 밤늦게까지 일한 수고를 보상해 주고 있답니다.

"따뜻한 아메리카노 한 잔이요!"

회사 앞에 도착한 고코더 삼촌은 단골 카페에서 커피 한 잔을 주문합니다. 개발자들은 한번 일을 시작하면 오랫동안 집중력을 유지해야 하기 때문에 중간에 일의 흐름이 끊기지 않도록 노력합니다. 업무 시간에도 나가서 커피를 사 올 수 있지만, 이왕이면 오랜 시간 집중하며 코드를 짜기 위해서 출근길에 미리 커피를 사 놓습니다.

고코더 삼촌은 한 손에 커피를 받아 들고 다른 한 손으로 스마트폰을 꺼내 듭니다. 그리고 전날 준혁이가 보낸 메일을 다시 한번 꼼꼼히 읽어 봅니다.

보낸 사람: 이준혁
받는 사람: 고코더

안녕하세요, 고코더 삼촌! 저는 만정 초등학교 6학년 1반 이준혁입니다. 삼촌은 저를 모르시겠지만, 용기 내서 메일을 보내요!
저는 유튜브를 정말 좋아합니다. 유튜브를 좋아하는 다른 친구들은 유튜버가 되고 싶다고 하는데, 저는 유튜버보다는 유튜브 같은 프로그램을 만드는 사람이 되고 싶어요. 작은 화면에서 재미있는 영상이 끝없이 나오는 게 신기해서요! 그런 프로그램은 대체 누가, 어떻게 만드는 건지 늘 궁금했어요.

얼마 전에 진로 탐색 숙제를 하다가 제가 원하는 프로그램을 만드는 직업이 개발자라는 것을 알게 되었어요. 인터넷으로 개발자에 대해 조사하다가 삼촌을 알게 되었는데, 개발자에 관한 책도 많이 쓰시고 코딩이 무엇인지 쉽고 재미있게 알려 주시더라고요. 저도 삼촌처럼 멋진 프로그램을 만드는 개발자가 되고 싶어요!

그런데 인터넷 검색만으로는 개발자가 정확히 어떤 일을 하는지, 개발자가 되려면 어떻게 해야 하는지 알기가 어렵더라고요. 그래서 용기를 내 삼촌에게 메일을 보내기로 결심했어요.

삼촌, 개발자는 어떤 일을 하는 사람인가요? 저는 어떻게 하면 개발자가 될 수 있을까요?

답장하기

    고코더 삼촌이 한 손에 커피를 들고 회사 입구에 들어섭니다. 경비 아저씨와 인사하고 엘리베이터에 올라 4층 버튼을 누르는 순간, 누군가 헐레벌떡 뛰어옵니다.

    "잠시만요!"

고코더 삼촌은 재빨리 열림 버튼을 누릅니다. 헐떡거리며 숨을 가쁘게 쉬던 개발자 김성현 선배가 엘리베이터에 타며 반갑게 인사합니다.

"고코더! 어제 잘 들어갔어? 늦게까지 일하던데, 무슨 일 있었던 거야?"

"말도 마세요. 어제 갑자기 '좋아요' 버튼이 안 눌려서 난리가 났었네요. 그거 해결하느라 늦게까지 일했어요."

"그거 예전에도 그랬었잖아. 또 오류가 생긴 거야? 어휴. 야근했을 생각하니까 짠하네. 고생 많았어."

"그래도 다행이에요. 드디어 문제점을 찾았거든요. 원인을 알았으니 이젠 괜찮을 거예요."

4층에서 엘리베이터가 멈춥니다. 문이 '휭' 하고 열리자마자 여기저기 키보드 두드리는 소리와 전화벨 소리가 요란스럽게 섞여 들려옵니다. 어떤 사람들은 바쁘게 뛰어다니면서 서류를 전달하고, 어떤 사람은 골머리를 앓는 듯한 표정으로 모니터를 뚫어져라 바라봅니다.

고코더 삼촌과 김성현 선배가 동시에 "안녕하세요!" 하고 외칩니다. 사무실 사람들이 더 큰 소리로 대답합니다.

"안녕하세요!"

고코더 삼촌과 김성현 선배는 소란스러운 사무실을 정글 헤치듯 걸어가 자리에 앉습니다.

컴퓨터에게 편지를 보내는 개발자

"위잉."

컴퓨터 본체가 돌아가는 소리와 함께 본격적으로 개발자의 하루가 시작됩니다. 모니터를 켜니 화면에 어제 작업하던 프로그램들이 마구 겹쳐져 있습니다. 복잡한 바탕 화면에서 메일 아이콘을 클릭하니 어제 준혁이에게 써 두었던 답장이 나타납니다. 고코더 삼촌은 턱을 괴고 혼자 중얼거립니다.

"이 정도면 되겠지?"

메일을 다시 한번 꼼꼼하게 읽어 보고 있는데, 누군가 손뼉을 치며 쩌렁쩌렁한 목소리로 말합니다.

"주목!"

모두의 이목을 집중시킨 목소리의 주인공은 김지원 팀장님입니다. 갑자기 조용해진 사무실에서 모두가 팀장님과 그 옆의 낯선 직원을 주목합니다.

"오늘부터 함께 일할 신입 사원 하유진 씨를 소개합니다. 반갑게 맞아 주시기 바랍니다."

여기저기서 박수가 터져 나옵니다. 박수 소리가 잦아들자 팀장님이 고코더 삼촌에게 손짓합니다. 눈치를 챈 고코더 삼촌은 자리에서 일어납니다. 팀장님이 신입 사원을 두 손으로 안내하며 말합니다.

"고코더 대리님이 유진 씨에게 개발자의 업무에 대해서 잘 알려 주시고, 그럼 이상!"

하유진 씨가 총총총 뛰어와 고코더 삼촌 옆자리에 앉습니다. 그

러고는 "안녕하세요!" 하고 밝게 인사합니다.

갑작스레 팀장님의 부탁을 받은 고코더 삼촌은 어색한 인사를 건넨 후, 신입 사원에게 어떤 것부터 알려 주어야 할지 고민하기 시작합니다. 하유진 씨는 재빠르게 볼펜과 수첩을 꺼내 고코더 삼촌이 알려 주는 걸 받아 적을 준비를 합니다.

"유진 씨는 대학교에서 어떤 프로그래밍 언어를 공부하셨어요?"

고코더 삼촌이 어색한 말투로 질문을 해 봅니다. 수첩에 무언가를 적으려던 하유진 씨는 고개를 번쩍 들며 초롱초롱한 눈빛으로 대답합니다.

"네, 선배님! 저는 C 언어와 자바(Java)를 주로 공부했습니다."

대답이 오가고 다시 약간의 정적이 흐릅니다. 어색한 침묵을 깨고자 고코더 삼촌은 하유진 씨에게 어제 준혁이에게 받은 메일 이야기를 들려주고는 이렇게 말합니다.

"그래서 제가 어제 개발자가 어떤 일을 하는 사람인지 적어 보았거든요. 준혁이가 이해할 수 있을지 한번 읽어 봐 주시겠어요?"

고코더 삼촌은 메일함을 클릭하더니 전체 화면으로 확대합니다. 삼촌이 쓴 메일이 화면에 커다랗게 펼쳐집니다.

보낸 사람: 고코더

받는 사람: 이준혁

안녕, 준혁아! 나는 개발자 고코더야. 만나서 반가워!

이렇게 메일을 보내 줘서 정말 고마워. 나도 어릴 때 프로그램을 만드는 사람이 되는 게 꿈이었는데 이렇게 개발자를 꿈꾸는 어린이를 만나게 되다니, 정말 반갑다. 나처럼 멋진 프로그램을 만드는 개발자가 되고 싶다고 했지? 네가 용기 내서 메일을 보내 준 만큼 나도 네가 개발자라는 직업에 대해 많은 것을 알아 갈 수 있도록 돕고 싶어. 어렵게 느껴질 수도 있겠지만, 네가 잘 이해할 수 있도록 재미있게 설명할 테니 걱정 말고 따라와 줘. 자, 준비됐니? 이제 개발자가 도대체 어떤 직업인지, 무슨 일을 하는지 들려줄게.

사실 개발자가 무엇이냐는 질문을 받고 많이 고민했어. 10년 넘게 개발자로 일해 왔지만 어린이에게 이런 질문을 받은 건 처음이었거든. 어떻게 하면 가장 쉽게 설명할 수 있을지 고민하다가 좋은 생각이 떠올랐어. 바로 우리가 지금 편지를 주고받는 것에 빗대 설명할 수 있겠다고 말이야.

우리는 살아가면서 다양한 존재와 다양한 언어로 소통해. 외국인과 이야기하려면 외국어를 할 줄 알아야 하고, 동물과 이야기하려면 동물들

만의 표현을 이해할 수 있어야 하지. 컴퓨터와 대화하려면 어떻게 해야 할까? 바로 컴퓨터의 언어를 사용할 수 있어야 해. 컴퓨터 언어를 구사할 줄 아는 사람이 개발자야.

인간이 사용하는 언어는 수천 가지라고 해. 우리가 잘 아는 영어, 중국어, 일본어 말고도 수많은 언어가 있지. 컴퓨터 언어도 정말 많아. 컴퓨터 프로그램을 만들 때 사용하는 언어를 **프로그래밍 언어**라고 이야기하는데, 프로그래밍 언어에는 대표적으로 **C**라는 언어와 **자바(Java)**라는 언어가 있어. 이 두 언어가 컴퓨터와 대화를 할 때 가장 많이 쓰인단다. 인간의 언어로 치면 영어나 중국어와 같은 거지. 요즘엔 **파이썬(Python)**이라는 언어도 많이 사용해. 이 프로그래밍 언어들은 인간의 언어만큼이나 다양한 각각의 문법을 가지고 있단다.

통역사는 서로 다른 언어를 사용하는 사람들 사이에서 뜻이 통하도록 외국어를 옮겨 주는 일을 해. 덕분에 우리는 다른 나라의 언어를 몰라도 외국인과 의사소통할 수 있지. 개발자는 컴퓨터 언어를 통역할 줄 아는 사람이야. 개발자 덕분에 컴퓨터 언어를 모르는 사람들도 쉽게 컴퓨터를 이용할 수 있어. 한마디로 개발자는 컴퓨터 언어 통역사라고 볼 수 있지. 그런데 인간의 언어를 통역하는 통역사의 일과 조금 다른 점이 있다면, 컴퓨터는 글자로 대화를 주고받는 걸 좋아한다는 거야. 음성을 이용해 컴퓨터에 프로그래밍 언어를 전달할 수도 있지만 아직은 직접 글자를 입력하는 게 기본적인 방식이야. 그래서 개발자들이 그렇게 키보드를 열심히 두들기는 거란다.

개발자는 컴퓨터에게 편지를 쓰는 직업이야. 편지에 프로그래밍 언어로 우리가 원하는 것들을 적어서 보내면 컴퓨터가 알아듣고 행동하기 시작하지. 준혁이가 궁금증을 담아 메일을 보내면 내가 메일을 읽고 답장하듯이, 개발자가 원하는 것들을 적어 컴퓨터에게 편지를 보내면 컴퓨터가 편지에 적힌 명령을 수행한단다. 이렇게 컴퓨터에 프로그래밍 언어로 명령을 내리는 과정을 **코딩**이라고 해. 어때, 신기하지? 컴퓨터에게 컴퓨터 언어로 편지를 써서 보내는 사람이 바로 개발자란다.

"와, 선배님! 친절하게 써 주셨네요."

"어때요? 준혁이가 이해할 수 있겠죠?"

"그럼요. 저도 열심히 컴퓨터와 대화해 보겠습니다, 선배님!"

하유진 씨는 꾸벅 고개 숙여 인사를 하고 자리로 돌아갑니다. 자신감을 얻은 고코더 삼촌은 그대로 메일을 보내고, 복잡해 보이는 프로그램을 실행합니다. 요란했던 아침이 지나고, 드디어 고코더 삼촌과 개발자들의 신나는 하루가 시작되었습니다.

개발자를 꿈꾸게 된 이유

자, 이제 본격적으로 고코더 삼촌의 일과가 시작되었어요. 업무 시간이 되면 개발자는 가장 먼저 어떤 일을 할까요? 바로 현재 자신이 담당한 시스템이 문제없이 돌아가고 있는지 검토하는 일이에요. 전날 학교에서 선생님이 내 주신 숙제를 제대로 해 왔는지 아침에 한 번 더 확인하는 것처럼 말이지요. 프로그램에 문제가 생겼을 때 개발자가 다른 사람들보다 먼저 알아차려야 빠르게 그 문제를 해결할 수 있답니다.

고코더 삼촌도 출근하자마자 담당한 부분을 열심히 검토하고 있

네요. 삼촌은 회사 웹사이트에서 동영상을 재생하는 창인 '플레이어' 관리를 담당하고 있어요. 재생, 정지, 전체 화면 모드 등의 버튼들을 눌러 보면서 모두 제대로 작동되는지 확인합니다. 다행히 오늘은 문제없이 하루를 시작할 수 있게 되었어요.

"띵동."

또다시 메일 알림 소리가 울립니다.

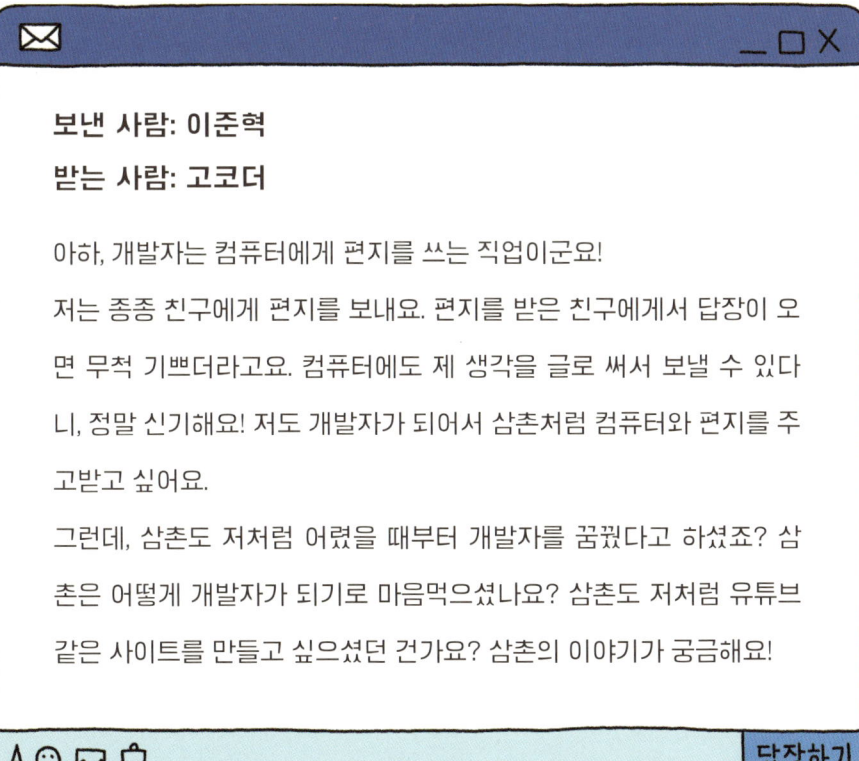

보낸 사람: 이준혁
받는 사람: 고코더

아하, 개발자는 컴퓨터에게 편지를 쓰는 직업이군요!
저는 종종 친구에게 편지를 보내요. 편지를 받은 친구에게서 답장이 오면 무척 기쁘더라고요. 컴퓨터에도 제 생각을 글로 써서 보낼 수 있다니, 정말 신기해요! 저도 개발자가 되어서 삼촌처럼 컴퓨터와 편지를 주고받고 싶어요.
그런데, 삼촌도 저처럼 어렸을 때부터 개발자를 꿈꿨다고 하셨죠? 삼촌은 어떻게 개발자가 되기로 마음먹으셨나요? 삼촌도 저처럼 유튜브 같은 사이트를 만들고 싶으셨던 건가요? 삼촌의 이야기가 궁금해요!

메일을 읽은 고코더 삼촌은 깊은 생각에 빠집니다. 개발자가 된 계기가 무엇이었는지 기억을 더듬는 모양이에요. 그러다 좋은 생각이 떠올랐는지 마우스로 손을 옮겨 일기장 프로그램을 실행합니다. 예전에 썼던 일기들을 찾아볼 생각인가 봅니다.

'그래! 개발자가 되고 싶었을 때 썼던 일기를 준혁이에게 보내 주면 좋지 않을까?'

고코더 삼촌은 쓴 지 10년도 더 지난 일기를 찾기 위해 마우스 스크롤을 내리고 또 내리고 있습니다. 그러다 어떤 날의 일기를 발견하고는 메일 입력 창에 붙여 넣었지요. 어떤 내용인지 함께 읽어 볼까요?

2009년 9월 13일, 날씨: 맑음

제목: 첫 출근 D-1

어릴 때부터 컴퓨터를 좋아했다. 초등학생 때 컴퓨터 게임을 만들 수 있는 프로그램을 구매하고, 간단한 미로 게임을 만들어서 친구들에게 내가 만든 게임을 해 달라고 졸랐던 기억이 어렴풋이 떠오른다. 아마 그때 개발의 재미를 알게 된 게 아닐까 싶다.

어릴 적 만들었던 게임처럼 커서도 다양한 프로그램을 개발하며 살고 싶었지만, 아쉽게도 가고 싶었던 컴퓨터 공학과에 진학하지 못했다. 하지만 꿈을 놓지 않고 대학교 졸업 후 컴퓨터 학원에 등록했고, 6개월 동안 열심히 코딩을 배웠다. 처음에는 **닷넷(.Net)**이라는 프로그래밍 언어를 공부했고, 그 후에는 **자바**라는 언어를 공부했다. 처음에는 생소한 언어를 배우는 것이 어렵게 느껴졌지만, 컴퓨터 언어가 익숙해지고 코딩 실력이 늘어갈수록 개발에 대한 흥미는 커져만 갔다.

개발 공부를 하면서 내가 어렸을 때부터 줄곧 개발자가 되고 싶었던 이유를 깨달았다. 나는 항상 무언가 새로운 것을 만들어 내는 활동을 좋아했다. 창의력을 발휘해 새로운 것을 만들고, 그걸 통해서 다른 사람들에게 좋은 영향을 줄 때 가장 기쁘다. 개발자는 컴퓨터를 이용해 다양한 서비스를 만들어 내고, 이를 통해 사람들을 편리하게 해 주는 직업이라는 점이 참 매력적이다. 물론 그 과정에서 힘든 점도 많지만, 나는 문제에 부딪히는 것이 두렵지 않다. 오히려 문제에 직면했을 때 그 상황을 깊이 이해하고 극복하면서 성장하는 내 모습이 좋다. 코딩은 언제나 어려운 문제와 싸우는 일이고, 개발자는 하루에도 몇 번씩 난관에 부딪히지만 분명 그만큼 끊임없이 성장하는 직업이다.

드디어 내일 첫 출근을 한다! 개발자로서의 첫 출근을 앞두고 설레는 마음을 일기로 남기며 다짐해 본다. 나는 지금의 마음을 잊지 않고 꾸준

> 히 노력할 거고, 미래에는 내가 상상했던 것보다 훨씬 더 멋진 개발자가 되어 있을 거다. 오랫동안 꿈꿔 온 개발자의 삶이 벌써 기대된다.

일기를 읽으며 추억에 빠져 있던 고코더 삼촌은 이내 정신을 차리고 준혁이에게 답장을 보내기 위해 키보드를 두드립니다.

보낸 사람: 고코더

받는 사람: 이준혁

아차, 내 이야기를 들려주는 걸 깜빡했네! 사실 개발자로 10년을 넘게 일하다 보니까 왜 개발자가 되고 싶었는지 기억이 가물가물했단다. 그래서 일기장을 좀 찾아봤더니, 개발자로 첫 회사에 입사하기 전날에 썼던 일기가 있지 뭐야. 그래서 메일에 내 이야기가 담긴 그날의 일기를 함께 보낸다.

나는 어린이를 위한 동영상 서비스 사이트를 운영하는 회사에서 시니어 개발자로 일하고 있어. 시니어 개발자는 상대적으로 코딩 경력이 많은 개발자를 뜻해. 개발자들은 저마다 자신 있는 분야를 하나씩 담당하는데, 나는 동영상을 볼 수 있게 해 주는 창인 '플레이어' 개발을 맡고 있단다. 개발자는 크게 **프런트엔드 개발자**와 **백엔드 개발자**로 나누어지는데, 나는 프런트엔드 개발자로 일하고 있어. 프런트엔드와 백엔드에 관해서는 나중에 자세히 설명해 줄게.

나는 개발자로 일하는 게 행복해. 준혁이 같은 어린이들에게 꿈과 희망을 심어 주는 프로그램을 만들기 때문이야. 누군가를 즐겁게 해 줄 프로그램을 만들기 위해 코딩하는 일이 세상에서 가장 재미있는 놀이처럼 느껴진단다. 좋아하고 잘하는 일로 다른 누군가를 즐겁게 해 줄 수 있다는 게 얼마나 기쁜 일인지 알고 있니? 준혁이도 꼭 개발자가 되어서 이 행복을 함께 누렸으면 좋겠다.

고코더 삼촌은 커피를 한 모금 마시고는 오랫동안 써 온 일기들을 차근차근 읽어 보며 흐뭇해합니다.

궁금증 해결!

Q. 고코더 삼촌은 왜 출근해서 일을 시작할 때 컴퓨터 본체는 켜지 않고 모니터만 켰나요?

개발자들은 보통 컴퓨터 본체를 끄지 않고 퇴근합니다. 회사 밖에 있을 때에도 급한 일이 생기면 회사 컴퓨터를 원격으로 조종해서 일해야 하기 때문입니다. 회사 밖에서도 정식으로 개발 업무를 하려면 아주 복잡한 프로그램들이 필요한데, 이 프로그램들은 개인이 구매하기에는 아주 비싸고 집에 있는 컴퓨터에 모두 설치하기도 힘듭니다. 그래서 보통 이렇게 회사 컴퓨터를 끄지 않고 외부 컴퓨터로 조종해 일한답니다.

Q. 밤늦게까지 일한 다음 날에는 정말 고코더 삼촌처럼 늦게 출근해도 되나요?

IT 회사 대부분은 늦게까지 일하는 개발자들에게 저마다의 방식으로 보상을 해 줍니다. 더 일한 만큼의 돈을 월급에 보태 주기도 하고, 휴가를 주기도 하지요. 물론 아무런 보상이 없는 회사도 있지만, 어린이 여러분이 개발자가 되었을 때에는 지금보다 훨씬 좋은 환경에서 일할 수 있을 거예요.

Q. 프로그래밍 언어의 종류는 몇 가지나 되나요?

약 600가지가 있습니다. 너무 많다고요? 겁먹을 필요 없어요. 모두 비슷한 문법을 가지고 있는 데다가, 개발자가 주로 사용하는 언어는 10개 미만이니까요. 수많은 언어를 모두 배우지 않아도 충분히 개발자로 일할 수 있답니다.

Q. 개발자가 되려면 타자 속도가 빨라야 하나요?

타자 속도가 느리다고 해서 개발자가 될 수 없는 건 아니지만, 짧은 시간에 코딩을 많이 하려면 아무래도 타자 속도가 빠른 게 유리하겠죠? 특히 코드는 영어와 특수 문자로 이루어져 있어서 영어로 타자 연습을 많이 해야 한답니다.

2
코딩은 무엇인가요?

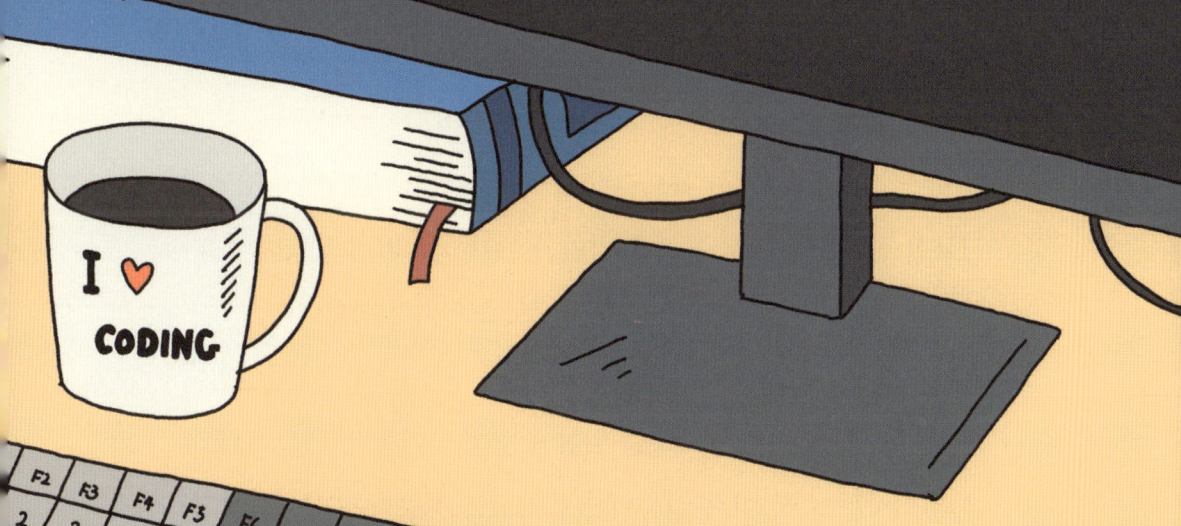

IT 회사의 아침 회의

"아침 회의를 하겠습니다. 모두 모여 주세요!"

사무실에 쩌렁쩌렁한 목소리가 울려 퍼집니다. 김지원 팀장님이 사무실 한가운데 서서 손뼉을 치며 이야기하고 있네요. 그러자 다들 일어나 사무실 가운데 있는 책상으로 모이기 시작합니다.

고코더 삼촌의 회사는 어린이를 위한 동영상 사이트를 운영합니다. 유튜브가 남녀노소 모두를 위한 동영상 사이트라면, 고코더 삼촌의 회사는 오직 어린이를 위한 동영상을 제공하는 사이트를 만듭니다. 이 사이트에서는 어린이들이 영상을 보는 것뿐만 아니라 직접 다양한 아이템을 이용해 영상을 제작할 수도 있습니다. 애니메이션에 등장하는 캐릭터를 선택해 함께 춤을 출 수도 있고, 좋아하는 연예인을 닮은 캐릭터를 불러내 같이 재밌는 놀이를 할 수도 있지요. 어린이들이 유익하고 재밌는 영상을 즐길 수 있도록 많은 개발자가 최선을 다하고 있답니다.

매일 아침, 개발자들은 어린이들에게 더 좋은 동영상 서비스를 제공하기 위해 회의를 합니다. 아침 회의 주제는 주로 '새로운 기능 진행률'과 '기능 수정 진행률'입니다. 각각 새로운 기능이 제대로 진행되고 있는지, 원래 있던 기능이 얼마나 수정되었는지를 뜻합니다.

IT 회사에서는 새로운 기능을 만들거나 문제가 있는 기능을 고쳐 나가는 것이 매우 중요합니다. 그래서 정기 회의 때 여러 가지 기능이 문제없이 실행되고 있는지 꼼꼼히 살펴 의견을 교환하고, 서로 질문하고 논의하며 놓친 부분을 바로잡지요.

"좋아요! 다들 잘해 주고 계십니다. 곧 새로운 서비스가 출시되니 정신 바짝 차려 주세요. 혹시 하실 말씀 있는 분 계신가요?"

이때 소프트웨어 테스터 김지나 대리가 손을 높이 듭니다. 팀장님이 고개를 살짝 끄덕이자, 김지나 대리가 자리에서 일어나 이야기합니다.

"어제 '좋아요' 버튼이 눌리지 않는 오류가 발생했어요. 그래서 급하게 고코더 대리님이 수정해 주셨습니다. 혹시 다른 부분에서

도 비슷한 문제가 발생하지 않았는지 검토를 부탁합니다."

개발자들은 입을 모아 "네!" 하고 대답합니다. 그때 처음으로 아침 회의에 참석한 신입 사원 하유진 씨가 조심스레 고코더 삼촌 옆으로 다가와 질문합니다.

"선배님, 이런 오류는 왜 생기는 건가요? 시스템이 갑자기 변덕이라도 부리는 걸까요?"

"음, 이렇게 생각해 보면 어떨까요? 가끔씩 친구와 대화하다가 서로 오해가 생길 때가 있죠? 예를 들면 나는 5시에 같이 밥을 먹기로 약속했다고 생각했는데 친구는 6시로 알고 있는 거예요. 이런 경우에는 어떻게 해야 할까요?"

잠시 고개를 갸우뚱하던 신입 사원이 대답합니다.

"다시 약속 시간을 잡아야겠죠."

"그렇죠, 컴퓨터도 마찬가지예요. 소통에 오류가 있었다면 바로 잡아야 해요. 컴퓨터는 오로지 정확한 프로그래밍 언어로 이루어진 말만 이해할 수 있기 때문에 그렇지 않은 경우에는 오류가 생겨 버려요. 내가 친구에게 '우리 학교 끝나고 좀 있다가 만나자.'라고 하면 친구는 '아하, 3시쯤 만나자는 거구나.' 하고 대충 알아들을 수 있지만, 컴퓨터는 그렇지 못해요. 3시에 만나려면 '우리 오후 3시에 만나자.'라고 정확하게 말해 줘야 하죠. 컴퓨터는 모호한 명령은 이해하지 못하는 고지식한 기계거든요. 컴퓨터와 소통이 제대로 되지 않았다면 컴퓨터가 이해할 수 있도록 다시 정확한 언어로 의사를 전달해야 해요. 제가 김지나 대리님에게 시스템 오류를 전달받고 다시 컴퓨터로 정확하게 코딩해 오류를 수정한 것처럼요."

하유진 씨는 이제야 이해했다는 듯 밝은 미소를 짓습니다.

"아하! 그렇군요. 덕분에 쉽게 이해했어요. 감사합니다!"

하유진 씨가 자리로 돌아가자마자 고코더 삼촌의 스마트폰에서 알림이 울립니다.

"띵동."

준혁이에게서 온 메일입니다.

컴퓨터는 냉철한 기계구나.
코딩할 때에는 작은 실수도 하면 안 되겠어.
언제나 긴장을 늦추지 말자!

코딩은 어떻게 하는 거예요?

보낸 사람: 이준혁

받는 사람: 고코더

삼촌이 보내 주신 일기와 메일 잘 받았어요. 삼촌의 이야기를 들려주셔서 감사해요. 코딩이 세상에서 가장 재미있는 놀이라니, 저도 얼른 해 보고 싶어요!

저는 제 동생과 같이 춤출 때가 가장 재미있는데, 틈날 때마다 연습하다 보니 저도 모르게 점점 실력이 느는 것 같아요. 코딩도 춤처럼 열심히 하다 보면 어느새 저도 유튜브 같은 멋진 프로그램을 만드는 개발자가 되어 있겠죠?

코딩은 컴퓨터에게 편지를 쓰는 과정이라고 하셨죠? 그런데 아직 코딩을 어떻게 하는 건지 잘 모르겠어요. 좀 더 자세히 알려 주세요!

답장하기

고코더 삼촌은 자리로 돌아와 절전 상태인 컴퓨터를 마우스로 흔들어 깨웁니다. 회의가 끝나고 잠시 여유가 생긴 고코더 삼촌은 준혁이의 궁금증을 해결해 주기 위해 또다시 메일 작성 화면을 켭니다. 그러고는 코딩을 처음 배우는 사람도 이해할 수 있도록 쉬운 비유를 활용해 메일을 작성하기 시작합니다.

보낸 사람: 고코더

받는 사람: 이준혁

컴퓨터 언어로 컴퓨터에게 편지를 쓰는 사람이 개발자라는 것까지는 이해할 수 있겠지? 컴퓨터에게 편지를 보내기 위해 **프로그래밍 언어**로 작성한 내용을 **코드**라고 하고, 코드를 적는 과정을 **코딩**이라고 해. 컴퓨터에 명령을 내리기 위해 한 줄 한 줄 정성스럽게 원하는 내용을 적는 과정이지.

준혁이가 다른 언어를 사용하는 사람과 의사소통하기 위해 외국어를 배우는 것처럼, 개발자는 컴퓨터와 의사소통하기 위해 코딩을 배워야 한단다. 손짓, 발짓만으로는 하고 싶은 말을 제대로 전달할 수 없겠지? 개발자도 마찬가지로 컴퓨터에 원하는 바를 전달하기 위해 컴퓨터 언어를 배우는 거야.

그런데 컴퓨터와 의사소통할 때에는 사람과 의사소통할 때보다 훨씬 정확한 소통 능력이 필요해. 실수가 있어서는 안 되지. 외국인과 이야기할 때에는 손짓, 눈짓, 몸짓과 같은 보디랭귀지로 부족한 언어 실력을

보충할 수 있어. 하지만 컴퓨터는 오로지 개발자가 입력한 코드가 정확히 맞는지 아닌지만을 판단해서 내용을 이해해. 단 하나의 오류도 없이 정확하게 코딩해야만 한다는 말이지.

네가 평소에 사과를 좋아한다고 치자. 엄마한테 "제가 좋아하는 과일 주세요!"라고 말씀드리면 엄마가 사과를 주실 거야. 하지만 컴퓨터는 다르단다. 정확히 "사과를 줘."라고 해야만 알아듣고 네게 사과를 줄 수 있어. 또 네가 사과라는 단어를 재밌게 발음하기 위해서 "싸과 주세요!"라고 말해도 엄마는 네게 사과를 주시겠지만, 컴퓨터는 '사과'와 '싸과'를 전혀 다른 것으로 인식해. 그렇기 때문에 코딩으로 컴퓨터에 명령을 내리는 과정에서는 작은 실수도 없어야 한단다.

우리가 아는 모든 컴퓨터 프로그램은 이렇게 정확한 코딩이 모여서 완성돼. 코딩으로 컴퓨터에 하나둘 명령을 내리다 보면 멋진 프로그램이 완성되는 거야. 준혁이가 만들고 싶어 하는 유튜브 같은 프로그램들도 모두 수많은 코딩 과정을 거쳐 만들어진 거란다. 만들고 싶은 프로그램이 떠올랐다면, 코딩으로 컴퓨터에 편지를 써서 명령을 내리기만 하면 돼! 상상을 현실로 만들어 주는 코딩, 정말 마법 같지 않니?

가뿐한 마음으로 메일 창을 닫고 업무에 집중하려는 순간, 멀리서 발걸음 소리가 들려옵니다.

"또각, 또각, 또각, 또각……."

고코더 삼촌 앞에 선 누군가가 가볍게 책상을 두드립니다.

"고코더 대리님! 기획자 이온유입니다."

나도 개발자

고코더 선생님과 유튜브 만들기 1

반가워요, 여러분! 고코더 선생님이에요.

<나도 개발자> 시간에는 저와 함께 개발자가 되어 코딩으로 멋진 동영상 플레이어를 만들어 볼 거예요. 준혁이가 좋아하는 유튜브 같은 사이트의 동영상 플레이어 말이에요.

어려울 것 같다고요? 걱정 마세요. 차근차근 따라 하다 보면 어느새 나만의 멋진 웹사이트가 완성될 거예요!

* 코드펜 사이트 가입하기

첫 번째 시간에는 '코드펜'이라는 사이트에 가입할 거예요. 코드펜은 누구나 쉽게 코딩을 연습해 볼 수 있게 해 주는 무료 사이트예요. 프로그래밍 언어를 입력해 코딩을 하면 실시간으로 결과를 보여 주지요. 우리는 앞으로 코드펜을 이용해 동영상 플레이어 만드는 과정을 연습해 볼 거랍니다.

❶ 인터넷을 켜고 주소창에 **https://codepen.io**를 입력해 접속해 보세요. 구글에서 **코드펜**이라고 검색하고 제일 위에 뜨는 링크를 클릭해도 돼요.

❷ 사이트에 가입해 볼까요? 화면 오른쪽 맨 위에 있는 **Sign up** 버튼을 클릭해 주세요.

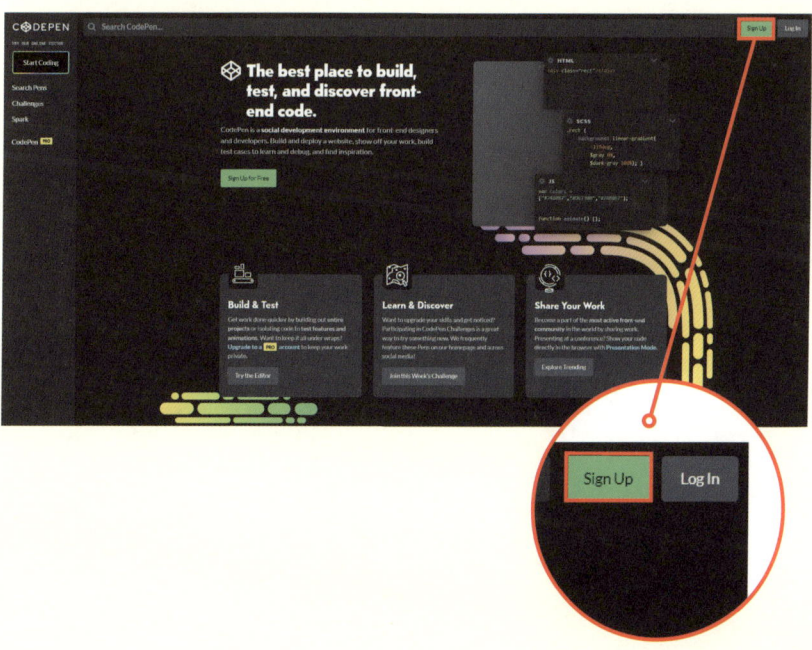

51

❸ **Sign up** 버튼을 누르면 아래 화면이 나타나죠? 이번에는 **Sign Up with Email**이라는 버튼을 클릭하세요. 여러분이 가지고 있는 이메일 계정으로 코드펜에 가입하는 거예요. 만약 이메일 계정이 없다면 부모님이나 친구의 도움을 받아 이메일 계정을 만든 뒤 다시 가입에 도전해 보세요.

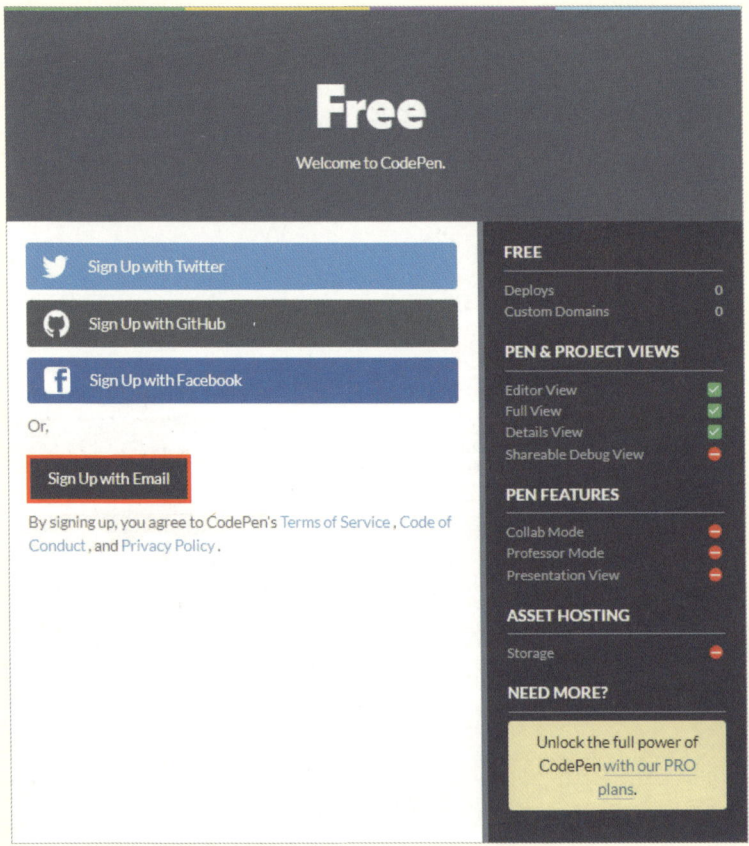

❹ 자, 이제 가입에 필요한 정보들을 입력해 볼게요.

코드펜에서 사용할 이름을 적어요. 별명을 써도 된답니다.

Your Name **이름**

Choose a username **웹사이트 이름**

codepen.io/username

영어로 웹사이트 이름을 정해요. 선생님은 별명을 활용해 gocoder-net이라고 정했어요. 그러면 웹사이트 주소는 https://codepen.io/gocoder-net이 된답니다.

가입에 사용할 이메일 주소를 적어요.

Email **이메일**

Choose Password **비밀번호**

Your password must:
- Include an UPPER and lowercase letter
- Include a number
- Include one or more of these special characters: .@$!%*`#?&><}{^-_
- Be between 8 and 100 characters

Submit

비밀번호를 만들어요. 영어 대문자와 소문자, 숫자, 특수 문자를 섞어 8자 이상으로 만들어 주세요.

❺ 빈칸을 모두 채웠다면 아래쪽의 **Submit** 버튼을 눌러 주세요.

선생님의 웹사이트 주소를 인터넷 검색창에 입력해 보세요. 선생님 얼굴이 그려진 코드펜 페이지가 등장하죠? 이렇게 인터넷 검색창에 여러분의 웹사이트 주소를 입력하면 바로 여러분이 만든 웹사이트로 연결된답니다. 신기하지 않나요?

53

가입이 완료되고, 코드펜 사이트에 나만의 공간이 탄생했어요! 여기가 바로 코딩으로 우리가 상상하는 무엇이든 만들어 볼 수 있는 **Pen**이라는 공간이랍니다. 위에 있는 세 개의 칸에서 코딩으로 명령을 내리면 아래의 빈 공간에 내가 코딩한 결과가 실시간으로 나타나요.

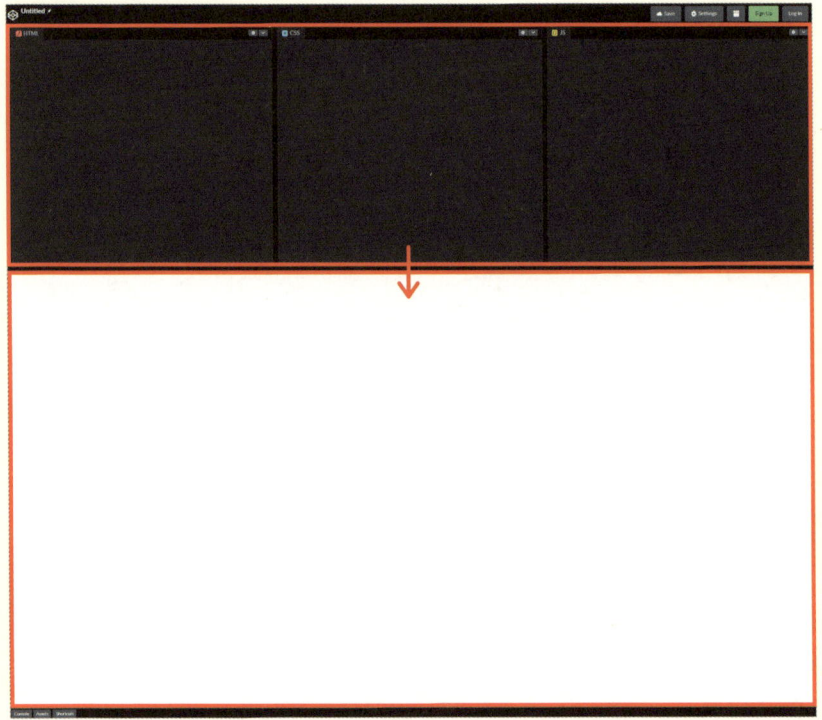

Pen은 웹사이트의 뼈대를 만드는 HTML 칸, 만들어진 뼈대를 꾸미는 CSS 칸, 꾸며진 뼈대에 움직임을 주는 JS(JavaScript) 칸으로 나뉘어요. 우리는 앞으로 HTML 칸과 CSS 칸에 프로그래밍 언어를 입력해 동영상 플레이어를 만들고 꾸며 볼 거예요! 영어, 숫자, 기호가 많이 등장하지만 걱정할 필요 없어요. 화면에 나와 있는 대로만 따라 하면 된답니다.

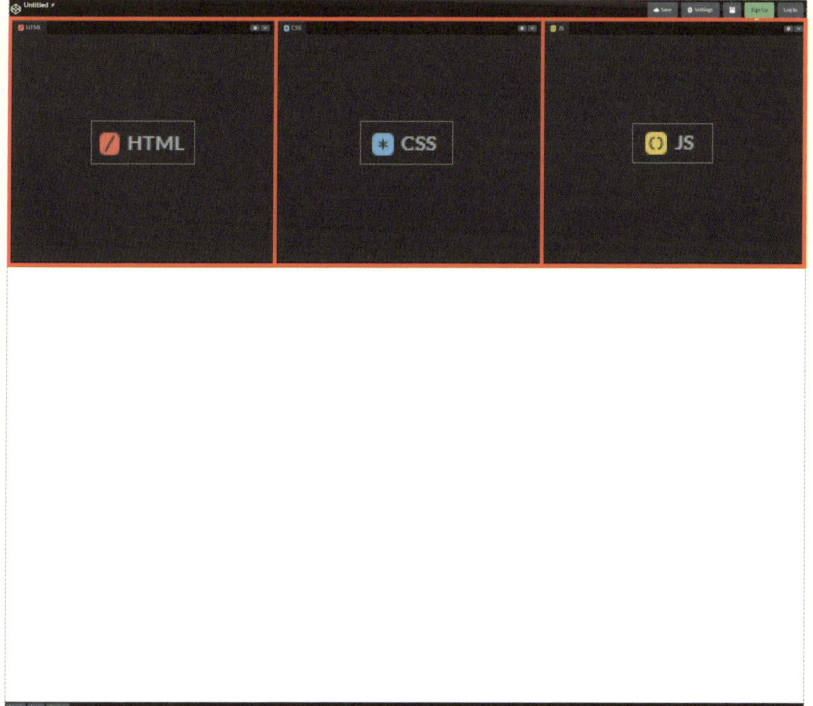

다음 시간부터는 본격적인 코딩으로 여러분만의 멋진 동영상 플레이어를 만들어 나갈 테니, 기대해 주세요!

3
코딩으로 무엇을 만들 수 있나요?

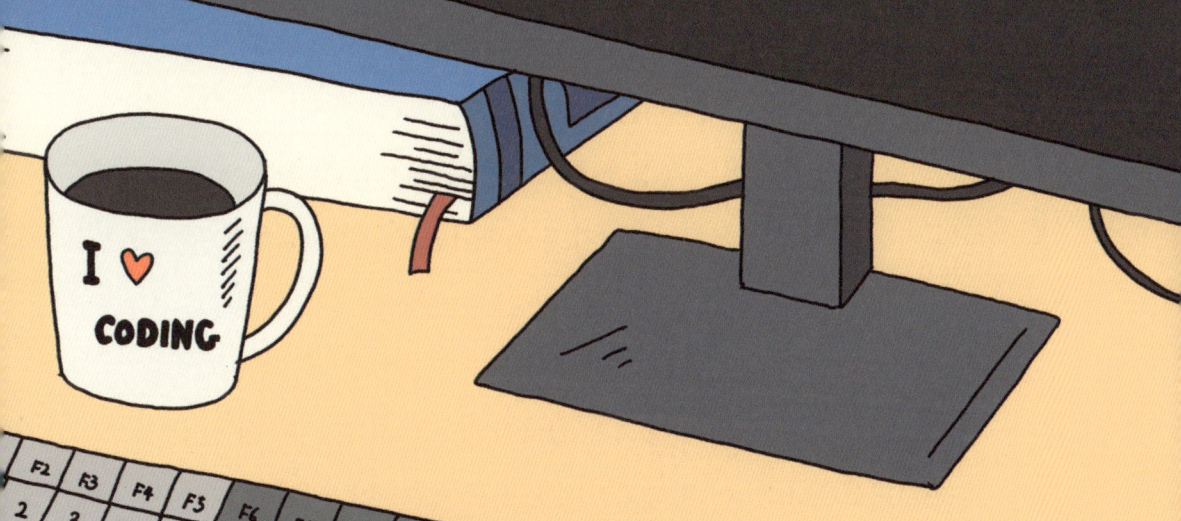

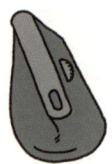

프로그램을 설계하는 기획자

"고코더 대리님! 기획자 이온유입니다."

기획자인 이온유 씨는 항상 바쁘게 뛰어다닙니다. 흰 셔츠에 청바지 차림으로 경보하듯 여기저기 뛰어다니면서 개발자들에게 무언가를 전달해 줍니다. 입도 쉬질 않습니다. 늘 종이에 볼펜으로 복잡한 모양의 그림을 그려 가면서 무언가를 자세히 설명합니다. 이온유 씨는 오늘도 아침 회의가 끝나자마자 급히 고코더 삼촌의 자리로 달려옵니다. 어제 웹사이트에 발생한 문제의 원인을 파악하고, 같은 문제가 다시 일어나지 않도록 막기 위해서입니다.

이온유 씨가 고코더 삼촌의 책상에 종이 한 장을 펼칩니다. 어제 일어난 오류와 관련한 것입니다. 종이에는 오류가 생긴 화면이 인

쇄되어 있습니다. 이온유 씨는 주머니에서 볼펜을 꺼내 어제 작동하지 않았던 '좋아요' 버튼 부분에 동그라미를 치면서 말합니다.

"어제 좋아요 버튼이 갑자기 작동하지 않았다면서요? 이번에 개발한 기능과 관련이 있는 걸까요?"

"네, 맞아요. 이번에 새롭게 만든 공유 기능과 충돌이 있어서 작동이 멈추었던 것 같아요. 공유하기 버튼과 겹치지 않도록 좋아요 버튼의 위치를 조금 조정해야겠어요."

고코더 삼촌은 동그라미 쳐진 좋아요 버튼 그림에 오른쪽을 향한 화살표와 함께 별표를 그려 넣습니다. 좋아요 버튼을 오른쪽으로 옮겨야 한다는 의미입니다. 이온유 씨는 고개를 끄덕이곤 별표가 그려진 부분에 손가락을 짚으며 이야기합니다.

"네, 그럼 이렇게 다시 기획해 볼게요. 버튼 사이가 너무 가까워서 문제가 생겼나 보네요!"

"그렇습니다. 검토해서 다시 한번 알려 주세요."

대화가 끝나고, 이온유 씨는 다시 기획 부서로 급히 뛰어갑니다. IT 기획자는 이렇게 프로그램 개발상의 오류를 해결하기 위한 계획을 세우고 실행하는 걸 돕는 역할을 합니다. 새로운 기능을 만들거나 기존의 기획을 수정하기 위한 기획안을 작성하고, 팀장의 결재를 받은 뒤 개발자에게 수정을 요청합니다.

기획자의 주요 업무는 프로그램과 서비스 기획입니다. 기획한 프로그램이나 서비스가 완성될 때까지 다양한 일들을 수행하며 개발자, 디자이너 등과 협력하지요. 항상 바쁘게 뛰어다니면서 사람들과 끊임없이 대화하기 때문에 기획자에게는 의사소통 능력이 필수랍니다. 그뿐만 아니라 다양한 업무 내용을 글로 정리하는 문서 작성 능력도 필요합니다. 프로그램에 관련된 모든 일에 관여하기 때문에 책임감도 강해야 하지요.

건물을 지으려면 가장 먼저 설계도가 필요합니다. 만약 설계도가 없다면 튼튼하고 짜임새 있는 건물을 만들 수 없어요. 마찬가지로 프로그램을 만들 때에도 어떤 프로그램을 만들지, 어떤 기능을 구체적으로 어떻게 고칠지에 대한 계획이 담긴 설계도를 만들어야 해요. 프로그램의 설계도를 만드는 사람이 바로 기획자랍니다. 기획자의 역할에 대해 좀 더 자세히 알아볼까요?

기획자의 일

1. 서비스 기획

기획자는 기획서를 작성해야 합니다. '스토리보드'라고도 불리는, 아주 복잡하고 분량도 많은 문서랍니다. 기획서에는 어떤 시스템을 어떻게 만들지에 대한 구체적인 계획이 담겨 있어요. 건물을 지을 때 화장실은 몇 개로 할지, 엘리베이터는 몇 층까지 운행할지 구체적으로 설계하는 것처럼 웹사이트나 프로그램을 만들 때에도 세부적이고 정확한 기획이 필요하답니다. 그래서 기획자들은 구체적인 계획이 담긴 문서를 만드는 능력이 탁월해야 해요. 특히 작성한 문서를 효과적으로 공유해야 하기 때문에 파워포인트(PowerPoint)를 잘 다룰 줄 알아야 하지요.

2. 의사 소통

기획서를 만들었다면, 이제 기획서에 따라 프로그램을 개발해야겠죠? 기획자는 프로그램 개발을 위해 개발자, 디자이너 등 실제로 사이트를 만드는 다양한 사람과 협력해야 해요. 기획한 프로그램과 기능이 문제없이 작동될 수 있도록 여러 사람과 의견을 주고받으면서 프로그램을 완성해 나가는 것이지요. 기획자는 개발에 참여하는 다양한 분야의 사람들을 서로 이어 주고 대화를 끌어내 협력을 돕는 역할을 해요. 적극적인 소통을 위해 발로 뛰는 기획자 덕분에 프로젝트가 문제없이 진행될 수 있답니다.

파워포인트는 발표에 필요한 시각 자료를 만들 때 쓰는 프로그램이야. 파워포인트를 활용해 발표 자료를 보기 좋게 만드는 것도 중요하지만 사람들 앞에 나서서 자신감 있게 말하는 게 가장 중요해!

3. 매뉴얼 및 가이드 문서 작성

스마트폰을 사면 사용 설명서가 있듯이, 웹사이트에도 사용법이 있어요. 웹사이트의 사용법을 매뉴얼 혹은 가이드 문서라고 하지요. 매뉴얼은 보통 기획자가 만들어요. 프로그램 설계 단계부터 모든 기획을 도맡는 만큼, 프로그램에 대해 누구보다 잘 알기 때문이에요. 웹사이트 하나의 매뉴얼만 해도 수백 장이 넘는 문서를 만들어야 하는데, 이는 만만치 않은 작업이지만 기획자들은 책임감 있게 해낸답니다.

상상을 현실로 만드는 코딩

이온유 씨가 돌아가고 고코더 삼촌은 개발 프로그램을 켭니다. 오늘 회의에서 논의한 오류를 바로잡기 위해서입니다. 좋아요 버튼과 공유하기 버튼 사이의 적정한 간격을 가늠해 보던 그때, 이메일 알림이 울립니다.

"띵동."

✉   _ □ ×

보낸 사람: 이준혁

받는 사람: 고코더

코딩으로 유튜브 같은 프로그램을 마음대로 만들어 낼 수 있다니, 정말 신기해요! 삼촌 말씀대로 정말 마법 같아요. 이런 마법을 자유자재로 부리기 위해서 열심히 코딩을 배우는 거였군요. 저도 얼른 코딩을 배워서 컴퓨터와 자유롭게 대화하고, 제가 원하는 프로그램도 만들어 보고 싶어요.

A ☺ 🖼 🗑   답장하기

    준혁이의 답장을 읽자마자 이온유 씨가 다시 뛰어옵니다. 이번엔 아까 수정하기로 했던 부분이 좀 더 구체적으로 정리된 기획안을 가지고 왔네요. 이온유 씨가 종이를 들고 좋아요 버튼이 그려진 부분을 손가락으로 가리키며 말합니다.

    "대리님, 좋은 아이디어가 떠올랐어요. 어린이들이 영상을 보고 좋아요 버튼을 누르면 '친구에게 공유하시겠습니까?'라는 안내 메시지를 띄워서 공유 기능까지 쉽게 이용할 수 있도록 만들어 보는 건 어떨까요? 어린이들이 재미있게 본 영상은 친구에게도 보여 주고 싶어 할 것 같아서요."

고코더 삼촌은 반짝이는 아이디어에 웃으며 답합니다.

"아주 좋아요! 기록을 살펴보니 어린이들이 영상을 보고 나서 좋아요 버튼을 클릭한 뒤 공유하기 버튼을 누르는 횟수가 많더라고요. 온유 씨 말대로 안내 메시지를 띄우면 어린이들도 공유 기능을 쉽게 이용할 수 있을 것 같네요."

"네, 어린이들이 우리 사이트의 영상을 친구들에게 공유해 주면 좋을 것 같아요. 더 많은 어린이에게 사이트가 알려질 수 있을 것 같아 기대되네요. 그럼, 안내 메시지 기능도 개발해 주시길 부탁드립니다!"

이야기가 끝나고 이온유 씨가 자리로 돌아가려고 하자 고코더 삼촌이 잠시 멈춰 세웁니다.

"온유 씨, 잠깐만요! 궁금한 게 있어요. 온유 씨는 코딩이 무엇이라고 생각하세요?"

이온유 씨는 갑작스러운 질문에도 막힘 없이 이야기합니다.

"코딩은 상상을 현실로 만들어 주는 것 아닐까요? 코딩으로 못 만드는 게 없으니까요. 지금 제 상상 속에 있는 기능들도 모두 대리님이 코딩으로 만들어 주실 거잖아요?"

고코더 삼촌은 명쾌한 대답에 손가락을 튕기며 대답합니다.

"그렇네요! 코딩은 상상을 현실로 만들어 주네요."

고코더 삼촌은 다시 메일을 써 내려갑니다.

보낸 사람: 고코더

받는 사람: 이준혁

너는 상상하는 걸 좋아하니? 나는 어렸을 때 항상 재미있는 상상을 했단다. 지구 반대편에 있는 친구들과 영상으로 얼굴을 보며 대화하거나 손목시계로 영화 보는 모습을 상상하곤 했지. 그런데 지금은 나의 상상이 모두 현실이 되었어. 컴퓨터나 스마트폰으로 멀리 떨어져 있는 친구와도 언제든지 얼굴을 보고 대화할 수 있고, 손목시계로 통화도 하고. 인터넷도 할 수 있게 되었지.

우리가 현실 세계에서 자동차를 만들려면 어떻게 해야 할까? 타이어랑 엔진 같은 부품들이 필요하고, 이런 부품을 만들 수 있는 기술자들을 아주 많이 섭외해야겠지? 하지만 코딩을 이용하면 준혁이가 직접 자동차를 만들어 낼 수 있어. 네가 타이어랑 엔진을 만들고, 기술자들을 섭외하는 게 아니라 컴퓨터가 차를 만들도록 코딩으로 명령을 내리는 거야! 컴퓨터 언어를 배워서 코딩으로 '바퀴를 만들어라', '운전대를 만들어라', '엔진을 만들어라', 이렇게 명령만 내리면 멋진 자동차를 만들 수 있어. 당장 눈앞에 보이지 않아도, 디지털 세계에는 우리가 만들고 싶은 것을 만들 수 있는 모든 재료가 준비되어 있단다. 코딩이 존재하는 한 너의 상상을 실현하는 걸 아무도 막을 수 없는 거지. 놀랍지 않니?

메타버스라는 단어를 들어 본 적이 있니? 메타버스는 초월을 뜻하는 메타(Meta)와 우주를 뜻하는 유니버스(Universe)를 합친 말로, 현실 세계와 같은 사회·경제·문화 활동이 이루어지는 가상 세계를 뜻해. 인터넷 세상에 존재하는 또 하나의 지구라고 볼 수 있지. 현실이 아닌 가상 공간이지만 그 안에서 너의 캐릭터를 만들어 친구와 대화도 하고, 함께 놀 수도 있어. 네가 원하는 모습의 아바타를 구매해서 마음대로 꾸밀 수도 있고, 원한다면 자동차를 살 수도 있지. 메타버스에 존재하는 것들은 모두 코딩으로 만들어진 거야. 메타버스 세계에서는 네가 원하는 모든 것을 코딩으로 얼마든지 만들어 낼 수 있단다.

상상을 현실로 만들어 주는 도구인 코딩은 우리의 생활을 풍족하게 해. 준혁이도 코로나로 집에서 온라인 수업을 했던 적이 있지? 그때 사용한 프로그램들도 모두 코딩으로 만들어졌어. 삼촌이 어릴 적 상상했던 일들도 모두 개발자가 코딩을 통해 현실로 만들었기 때문에 준혁이가 사용할 수 있게 된 거란다. 네가 무엇을 원하든 코딩으로 모두 만들어 낼 수 있으니, 주저하지 말고 마음껏 상상해 보렴!

메일을 보낸 지 1분도 안 됐는데 '상대방이 이메일을 확인하였습니다.'라는 안내 창이 뜹니다. 고코더 삼촌은 준혁이의 답장을 기대하며 다시 기획자가 부탁한 기능을 개발하기 시작합니다.

한 시간쯤 흐르고, 고코더 삼촌이 이온유 씨에게 메시지를 보냅니다.

"온유 씨! 아까 말씀하신 기능 개발 완료했습니다. 한번 확인해 보시겠어요?"

"감사합니다. 오늘도 우리 사이트에 멋진 기능이 새로 생겨났네요. 확인하고 다시 말씀드릴게요!"

한 시간 정도 지났을 무렵, 또 하나의 메시지가 도착합니다.

"안녕하세요, 소프트웨어 테스터 김지나입니다. 개발하신 기능에 문제가 발견되었어요!"

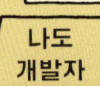

고코더 선생님과 유튜브 만들기 2

✽ 홈페이지 인사말 만들기

여러분, 안녕! 이번 시간에는 코딩으로 인사말을 만들어 볼 거예요.

❶ 먼저, 코드펜 사이트에 접속해 오른쪽 위에 있는 **Log in** 버튼을 누르고, 지난 시간에 가입했던 이메일 주소와 비밀번호를 입력해 로그인해 주세요.

❷ 로그인이 완료되면 화면 왼쪽 위에 있는 **Pen** 버튼을 눌러 주세요. 저번 시간에 보았던 HTML, CSS, JavaScript 세 개의 공간이 나타날 거예요.

❸ 본격적으로 코딩을 시작해 볼까요? 가장 먼저 HTML 칸에서 인사말을 만들어 볼게요. 아래 화면을 보고 똑같이 입력하기만 하면 된답니다. 저는 준혁이의 이름을 넣어 만들어 볼 거예요. 여러분은 여러분의 이름을 넣어 자유롭게 인사말을 입력해 주세요.

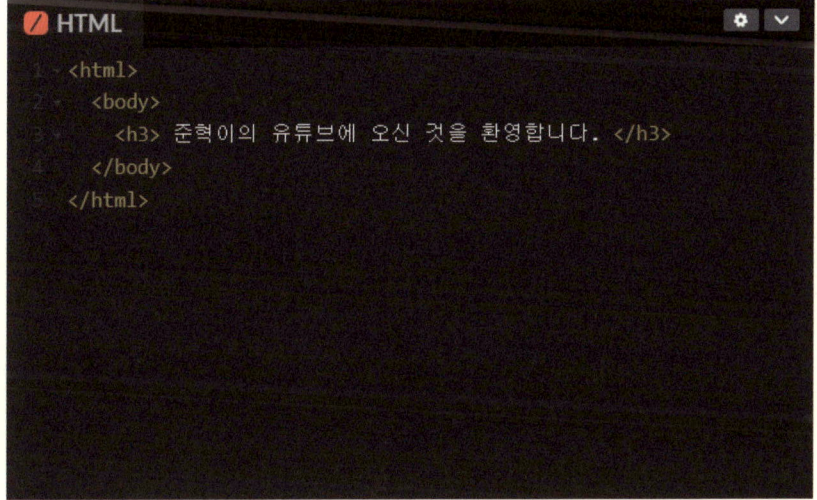

HTML은 가장 기본적인 웹(Web) 언어예요.
웹은 인터넷에 연결된 사용자들이
서로의 정보를 공유할 수 있는 공간이랍니다.
온라인으로 지구의 모든 사람을 만날 수 있게 해 주지요.
HTML은 모든 웹사이트를 이루는 뼈대예요.
웹 페이지를 완성하기 위한 밑그림이라고 할 수 있죠.
초등학교 수학 시간에 가장 먼저 배우는 덧셈과 뺄셈처럼
모든 것의 기초가 되는 단순하고 쉬운 언어랍니다.
세상에 처음 나온 사이트도 HTML로 만들어져 있어요.

`<html>` : HTML에서 뼈대 만들기를 시작한다는 걸 알리는 태그예요. 태그란 '지금부터 이 주제로 명령을 내리겠다'라는 의미로 붙이는 이름표이지요. 태그 기호인 < > 안에 컴퓨터에게 내릴 명령의 주제를 적고, 태그 뒤에 명령의 내용을 적으면 컴퓨터가 명령을 따라요. `<html>`은 이제부터 **HTML**이라는 언어를 작성하겠다는 뜻이랍니다.

`<body>` : 컴퓨터에게 내릴 명령의 핵심 내용을 입력하는 몸통 태그예요. 이 뒤에는 웹사이트에서 사용자에게 보여 줄 핵심적인 부분을 입력해요.

`<h3>` : 제목을 나타내는 태그예요. 제목 태그 뒤에 적은 문장은 웹사이트의 가장 위에 나타난답니다. h 뒤의 숫자는 제목의 크기를 결정해요. 숫자가 작아질수록 글자의 크기가 커지지요.

`/` : 태그를 닫겠다는 것을 의미하는 기호예요. 태그 기호 < > 안의 코드 맨 앞에 /를 입력하면 해당 태그에서 명령할 내용이 끝났다는 걸 의미하지요.
`<h3>`이라는 제목 태그를 입력하고 인사말의 내용을 모두 입력했다면, 그 뒤에 `</h3>`이라는 종료 태그를 입력해서 제목 태그에 인사말을 모두 입력했다는 걸 표시해 줘야 해요.
마찬가지로 `</html>`은 `<html>`를 닫는 종료 태그, `</body>`는 `<body>`를 닫는 종료 태그랍니다.

잘 따라오셨나요? 코드를 입력하면 아래 빈 공간에 실시간으로 인사말이 생겨나는 걸 볼 수 있었을 거예요. 코드펜은 이렇게 우리가 코딩한 결과를 곧바로 보여 주기 때문에 틀린 코드를 수정해 가면서 연습하기에 아주 좋답니다.

❹ 자, 이제 인사말을 예쁘게 꾸며 볼게요. HTML 칸에서 만든 문장을 꾸며 주려면 CSS 칸에서 명령을 내려야 해요. CSS 칸에서 아까 작성한 인사말의 글자 색깔을 바꿔 볼까요?

CSS는 웹사이트를 꾸밀 때 사용하는 스타일 시트(Style Sheet) 언어예요. 여기서는 글자색만 바꾸어 볼 거지만, CSS를 이용하면 웹사이트의 글꼴과 배경색도 바꿀 수 있답니다.

`{` : 글자를 꾸미려면 꾸밀 글자의 태그 뒤에 스타일을 바꾸는 시작을 알리는 코드인 **{**를 입력해 줘야 해요. 우리는 아까 입력했던 제목 태그 `<h3>`의 글자색을 바꿀 거니까 **h3{** 이라고 입력하면 되겠죠?

`color: blue;` : 글자색을 지정하는 코드예요. `color` 코드 뒤에 원하는 색깔을 입력하면 HTML 칸에 우리가 입력했던 인사말의 글자색이 바뀐답니다.
선생님이 좋아하는 파란색으로 글자색을 바꿔 볼까요? 색깔을 바꾸는 코드인 `color` 뒤에 `blue`를 입력해 볼게요. blue 대신 여러분이 좋아하는 red, pink 등의 색깔을 입력해도 된답니다.

`;` : ;는 코드가 끝났다는 걸 표시하는 기호예요.

`}` : 스타일을 바꾸는 작업이 끝났음을 알리는 태그예요.

> **준혁이의 유튜브에 오신 것을 환영합니다.**

자, 이렇게 인사말을 적고 글자색까지 바꾸어 보았습니다. 모두 잘 따라왔나요? 만약 색깔이 변한 인사말이 나타나지 않았다면, 코딩할 때 오타가 있었는지 꼼꼼히 살펴보고 부모님이나 친구의 도움을 받아 다시 정확히 입력해 보세요.

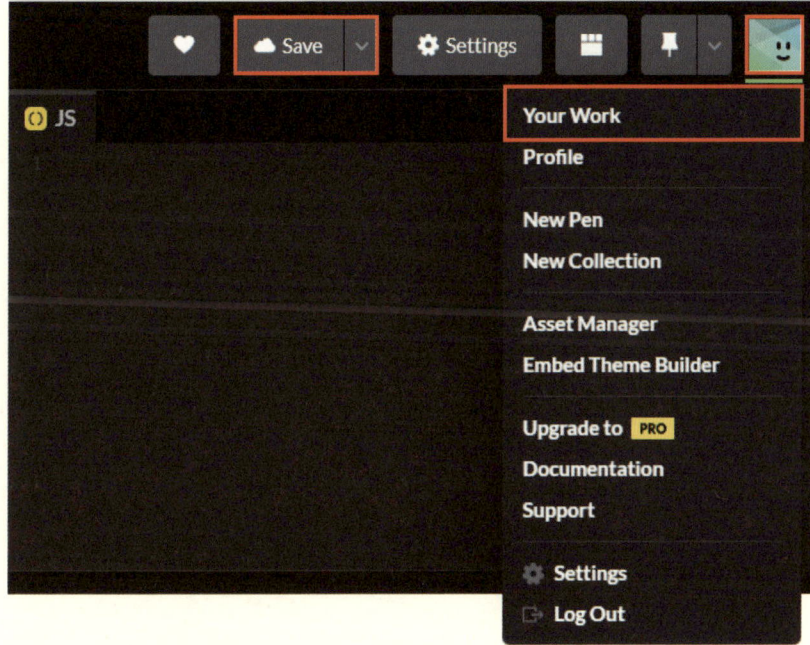

❺ 여기까지 문제없이 완료했다면, 화면 오른쪽 맨 위에 있는 **Save** 버튼을 눌러 저장해 주세요. 저장한 코드는 화면 제일 오른쪽 맨 위에 있는 아이콘을 누르면 나타나는 **Your work** 메뉴에서 다시 볼 수 있고, 저장해 놓았던 코드에 이어서 코딩할 수 있답니다.

우리는 매시간마다 만든 결과물을 저장하고, 그다음 시간에는 이전 시간에 저장해 둔 결과물을 불러와 이어서 코딩할 거예요. 다음 시간엔 동영상 플레이어를 만들어 인사말 아래에 넣어 봅시다. 점점 어려워지니, 두 눈 크게 뜨고 따라오세요! 그럼, 다음 시간에 만나요~

4
코딩은 잘 고쳐 나가는 게 중요해요!

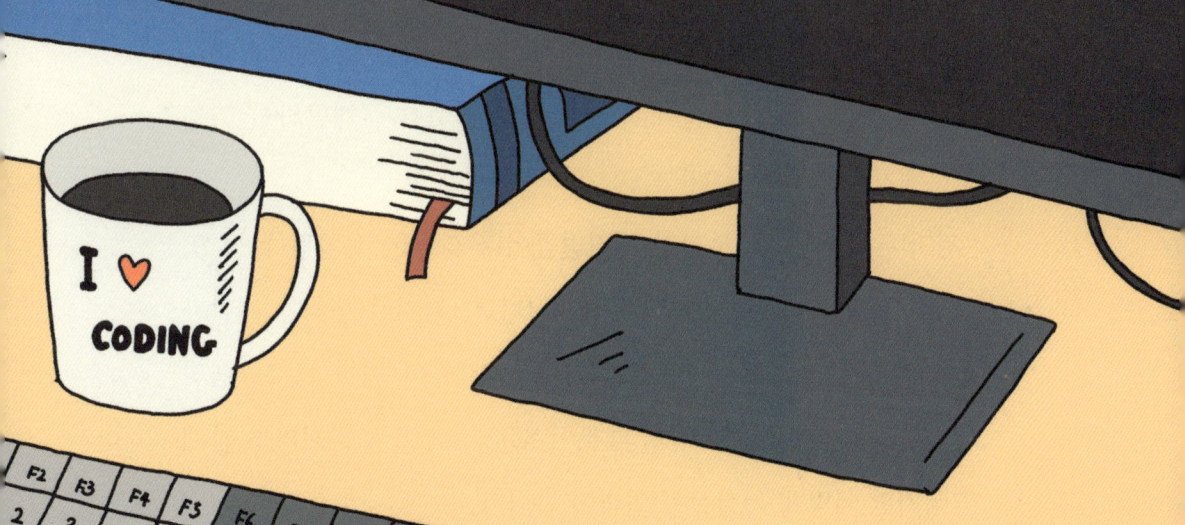

기능을 점검하는 소프트웨어 테스터

"안녕하세요, 소프트웨어 테스터 김지나입니다. 개발하신 기능에 문제가 발견되었어요!"

김지나 대리는 똑 부러진 성격만큼이나 깔끔한 옷차림에 늘 또각또각 구두 소리를 내면서 걸어 다닙니다. 김지나 대리는 개발자들이 가장 무서워하는 동료입니다. 개발자들이 만든 프로그램의 기능을 꼼꼼하게 테스트하기 때문이지요. 그리고 조금이라도 문제가 생기면 이렇게 득달같이 연락이 옵니다.

"안녕하세요, 대리님. 어디서 문제가 생겼을까요?"

고코더 삼촌은 메신저로 조심스럽게 답장을 보냅니다. 그런데 인기척이 느껴져 뒤를 돌아보니 김지나 대리가 서 있습니다. 고코더 삼촌은 깜짝 놀라며 가볍게 인사합니다.

"잘 만들어 주셨는데요, 이 부분에서 문제가 생기네요. 좋아요 버튼을 누르면 공유 기능에 대한 안내 메시지가 나타나고 공유하기 버튼 클릭까지도 잘 되는데, 인스타그램으로는 공유 기능 연결이 안 되네요."

김지나 대리가 들고 온 종이에 그려진 그림을 손가락으로 짚어 가며 설명합니다.

"네, 확인해 보고 제가 자리로 가서 다시 말씀드리겠습니다."

고코더 삼촌의 말에 김지나 대리가 자리로 돌아갑니다. 30분쯤 지나고, 삼촌은 양손을 번쩍 치켜들고 만세를 외칩니다. 코딩할 때 실수했던 부분을 찾아 수정했기 때문이지요. 알고 보니 오류가 생긴 이유는 코딩 과정에서 오타를 입력해서였습니다. 동영상을 본 뒤 공유하기 버튼을 누르면 인스타그램으로 공유되도록 하는 기능을 만들기 위해 코드를 입력할 때, 'instagram'의 마지막 글자 'm'을 'n'으로 잘못 썼던 것입니다. 이처럼 코딩할 때에는 아주 작은 실수도 치명적인 오류가 될 수 있기 때문에 집중해서 정확한 코드를 입력해야 합니다.

오류를 수정한 고코더 삼촌은 곧장 김지나 대리에게 달려갑니다.

"수리 완료했습니다!"

다시 소프트웨어 테스터가 일할 차례입니다. 개발자가 오류를 제대로 고쳤는지, 기능이 잘 작동하고 있는지, 또 다른 문제가 생긴 건 아닌지 꼼꼼하게 살펴봅니다. 뚫어져라 모니터를 들여다보던 김지나 대리가 말합니다.

"감사합니다! 이제 문제없겠네요. 프로그램을 만드는 것 못지않게 계속해서 문제점을 발견하고 고쳐 나가는 것도 아주 중요한 것 같아요."

"맞아요. 프로그램은 자주 들여다보고 문제를 발견하고 해결할수록 빠르게 발전하니까요."

고코더 삼촌의 모니터에 메일 창이 띄워져 있는 것을 본 김지나 대리는 문득 호기심이 생깁니다.

"그런데 누구한테 그렇게 긴 메일을 쓰신 거예요? 준혁이? 궁금증 많은 친구예요? 개발자에 관해 묻던가요?"

고코더 삼촌은 머리를 긁적이며 이야기합니다.

"네, 준혁이라는 어린이가 개발자를 꿈꾸고 있다고 하더라고요. 저한테 메일로 궁금한 점을 묻길래 답해 주고 있었어요. 방금 전에는 코딩으로 무엇을 만들어 낼 수 있는지 설명해 줬고요."

김지나 대리는 무언가 생각났다는 표정을 지으며 호기롭게 말합니다.

"마침 저희가 지금 프로그램 수리를 했으니, 소프트웨어 테스터인 제가 이 부분에 대해 좀 더 자세히 이야기해 줘도 좋을 것 같아요. 개발자는 프로그램을 잘 만드는 것도 중요하지만 계속해서 고쳐 나가는 것도 중요하다고요. 혹시 준혁이에게 제가 대신 메일을 보내도 될까요?"

"그래 주시면 저야 감사하죠!"

김지나 대리는 고코더 삼촌이 비켜 준 자리에 앉아 단번에 메일을 써 내려갑니다.

보낸 사람: 김지나
받는 사람: 이준혁

준혁아, 안녕! 나는 고코더 삼촌과 일하는 소프트웨어 테스터 김지나야. 고코더 삼촌에게 네가 개발자를 꿈꾸고 있다고 들었어. 아직 어린 나이인데 궁금한 점을 묻고 싶어서 적극적으로 메일까지 보내다니, 멋진 걸? 고코더 삼촌도 네가 기특했는지 열심히 메일을 쓰고 계시더라. 나도 준혁이에게 조금이나마 도움이 되고 싶어서 이렇게 메일을 보내. 나는 프로그램이 잘 만들어졌는지 감시하고 시험하는 소프트웨어 테스터야. 큐에이(QA)라고도 부르지. 영어로 된 호칭이 생소하지? 한 번도 들어 보지 못한 단어가 등장해서 어렵게 느껴질 수도 있겠지만, IT 회사에서는 이런 간단한 호칭 외에도 영어를 쓸 일이 많기 때문에 영어를 잘하면 업무에 적응하기가 훨씬 쉽단다.

고코더 삼촌이 네게 코딩은 어떻게 하는 건지, 왜 하는 건지, 코딩으로 무엇을 만들어 낼 수 있는지 이야기해 줬다고 들었어. 그런데 마침 고코더 삼촌과 함께 프로그램 오류를 수정하다가 이 부분에 대해서도 설명해 주면 좋겠다는 생각이 들었어. 코딩을 하는 것만큼 자신이 한 코딩을 계속해서 고쳐 나가는 것도 매우 중요하거든.

너는 그림 그리기를 좋아하니? 그림을 그릴 때 지우개는 연필만큼이나 중요한 도구잖아. 우리는 대부분 한 번에 완벽한 그림을 그려 낼 수 없기 때문에, 잘못 그린 부분이 있다면 지우개로 지우고 다시 그려야 하지. 아무리 훌륭한 화가도 지우개가 없다면 멋진 그림을 완성해 내기 어려울 거야. 프로그램을 만들 때도 마찬가지란다. 아무리 똑똑하고 코딩 실력이 뛰어난 개발자도 실수할 수 있어. 그래서 코딩할 때 실수했던 부분을 수정하는 과정이 꼭 필요해. 그림을 그릴 때 잘못된 부분을 지우개로 지우고 다시 그리는 것처럼, 소프트웨어 테스터는 프로그램을 만들 때 잘못된 코딩을 바로잡을 수 있도록 도와주는 역할을 한단다.

텔레비전이 갑자기 지지직 소리를 내면서 고장 난다면, 부모님은 텔레비전을 수리하기 위해 서비스 센터로 전화를 하시겠지? 곧 수리 기사님이 오셔서 텔레비전을 고쳐 주실 테고. 프로그램 역시 사람이 만들었기 때문에 고장이 나기 마련이야. 고장 난 텔레비전을 고치기 위해 서비스 센터에 전화를 하는 것처럼, 소프트웨어 테스터는 프로그램의 오류를 수정하기 위해 개발자에게 도움을 요청해. 수리 기사님이 고장 난 텔레비전을 고치기 위해 드라이버를 사용한다면, 개발자는 키보드를 두드려 코딩으로 수리한단다.

그런데 중요한 건, IT 회사에서는 프로그램에 오류가 생기면 즉각 바로잡아야 한다는 거야. 집에 있는 텔레비전은 바로 고치지 않아도 우리 가족만 불편을 겪지만, 인터넷에는 하루에도 엄청 많은 사람이 방문해. 만약 오류를 바로 수정하지 않으면 수많은 사람이 불편을 겪을 수밖에 없어. 그래서 소프트웨어 테스터는 매일 프로그램에 오류가 없는지 지켜보면서 문제가 생기면 바로 개발자에게 전달해 수정을 요청한단다.

개발자는 코딩으로 프로그램을 만들 뿐만 아니라 소프트웨어 테스터와 협력하면서 끊임없이 오류를 수정해 나가는 사람이야. 그런데 개발자가 코딩 과정에서 실수해 오류가 생길 수도 있지만, 기획자가 기획 단계에서 한 실수나 컴퓨터에서 발생한 오류가 개발자의 실수처럼 보이는 경우도 있어. 하지만 개발자는 그럴 때에도 불평하지 않고 프로그램의 완성도를 위해 묵묵히 오류를 고쳐 나가는 멋진 사람들이야. 잘못된 부분을 하나둘 고쳐 나가다 보면 멋진 그림이 완성되는 것처럼, 준혁이도 원하는 프로그램을 만들기 위해 열심히 코딩하고 부족한 부분을 바로 잡다 보면 어느새 멋진 프로그램을 완성해 내는 훌륭한 개발자가 되어 있을 거야.

개발자는 실수와 오류를 마주하는 것을 두려워하지 않고 그것들을 바로 잡으면서 끊임없이 발전하려고 노력해야 해. 준혁이도 용감하게 원하는 프로그램을 만들고 고쳐 나가면서 멋진 개발자가 되길 바란다. 너의 꿈을 응원해!

보내기

메일을 완성한 김지나 대리는 고코더 삼촌에게 모니터를 보여주며 뿌듯한 표정으로 말합니다.

"어때요? 이 정도면 준혁이가 개발자와 소프트웨어 테스터의 일에 대해 쉽게 이해할 수 있겠죠?"

"네, 정말 그렇네요! 소프트웨어 테스터의 일뿐만 아니라, 소프트웨어 테스터의 입장에서 바라본 개발자는 어떤 사람인지 알 수 있어서 좋았어요."

그때 점심시간을 알리는 종소리가 들립니다. 그리고 곧이어 기계음이 흘러나옵니다.

"띵동! 점심시간이 되었습니다. 모두 식사 맛있게 하세요."

개발자의 점심시간

점심시간이 되었습니다. 열심히 일하던 사람들이 모두 일사불란하게 사무실을 빠져나갑니다. 분주했던 사무실이 어느새 조용해집니다. 그런데 텅 빈 사무실에 여전히 키보드 두드리는 소리가 울리고 있습니다.

"타닥타닥, 타닥타닥."

"타닥, 타닥, 탁, 탁."

이 소리의 주인공은 바로 고코더 삼촌과 김지나 대리입니다. 왜 이 두 사람은 컴퓨터 앞에 앉아 있을까요? 바로 오류를 수정한 프로그램을 '배포'하기 위해서입니다.

배포란 무엇일까요? 국어사전에서는 '신문이나 책자 따위를 널리 나누어 주는 일'이라고 설명합니다. 좀 더 쉽게 설명해 볼까요? 예를 들어 길거리에서 전단지를 나눠 줄 때, 특정한 사람들뿐만 아니라 누구에게나 나눠 주는 것이 배포입니다. 개발자가 만든 결과물을 누구나 즐길 수 있도록 인터넷 서버에 올리는 작업을 할 때에도 배포라는 단어를 씁니다.

"김지나 대리님, 지금부터 배포할게요! 10분 정도 걸릴 것 같아요. 배포되면 오류가 없는지 살펴 주세요."

고코더 삼촌이 의자에서 살짝 일어나 김지나 대리를 향해 큰 소리로 말합니다.

"네! 배포 완료되면 말씀해 주세요. 잘 실행되는지, 다른 문제는 없는지 테스트해 볼게요."

그런데 잠깐, 왜 하필 고코더 삼촌과 김지나 대리는 점심시간에 배포를 하는 걸까요? 바로 사람들이 인터넷을 많이 사용하지 않는 시간에 배포하기 위해서입니다. '홈페이지 작업 중입니다'라는 안내 문구가 적힌 창이 뜨면서 사이트에 접속이 안 되었던 경험이 있나요? 배포를 하면 서버가 일시적으로 정지 상태가 되기 때문에 사용자들이 불편을 겪게 됩니다. 배포하는 동안에는 사이트 속도가 느려지거나 아예 접속이 안 될 수도 있고, 잘못된 소스를 배포했을 경우에는 오류가 생기기도 하지요. 그래서 되도록 사이트 사용량이 적은 시간대에 배포하는 것이랍니다. 어떤 회사는 새벽에, 어떤 회사는 아침 일찍 출근하자마자 배포하지만 사용자가 적은 웹사이트는 시간대에 상관없이 자유롭게 배포하기도 합니다.

"김지나 대리님, 배포 완료했습니다. 수정 사항이 잘 반영된 것

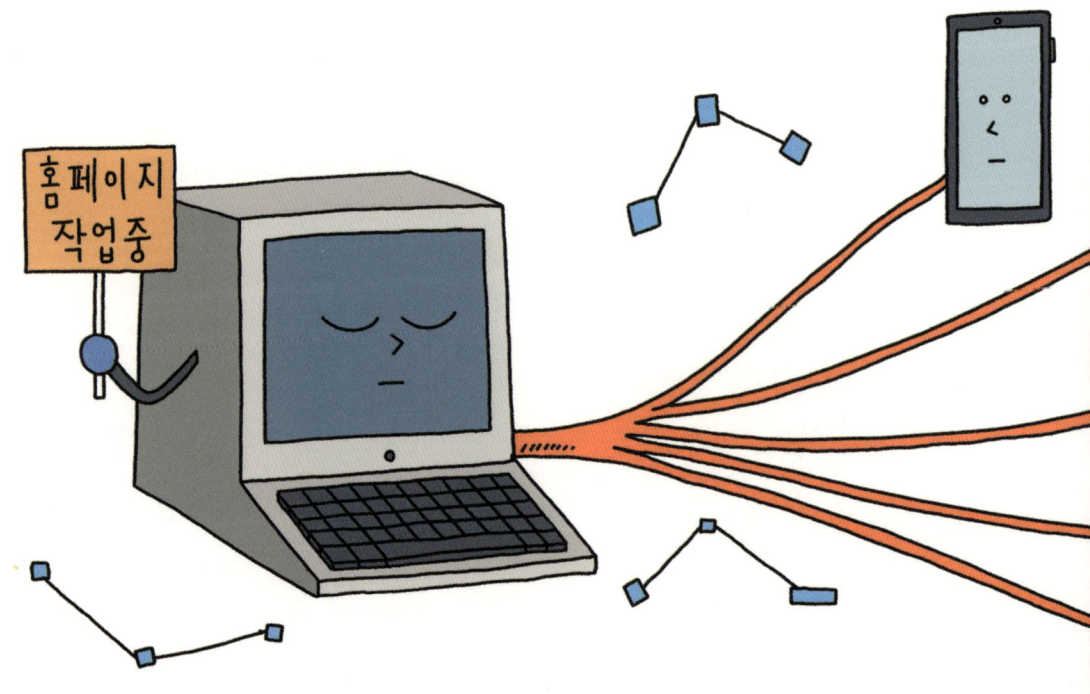

같긴 한데, 혹시 오류가 있는지 자세히 살펴 주시겠어요? 저도 같이 테스트해 볼게요."

고코더 삼촌은 긴장이 풀렸는지 편안한 미소를 지으며 말합니다.

"네, 그럼 지금부터 테스트하겠습니다. 문제 있으면 바로 말씀드릴게요. 고생하셨어요!"

김지나 대리는 종이에 정리해 둔 테스트 항목을 하나씩 체크해 가며 배포한 소스에 오류가 없는지 검토합니다.

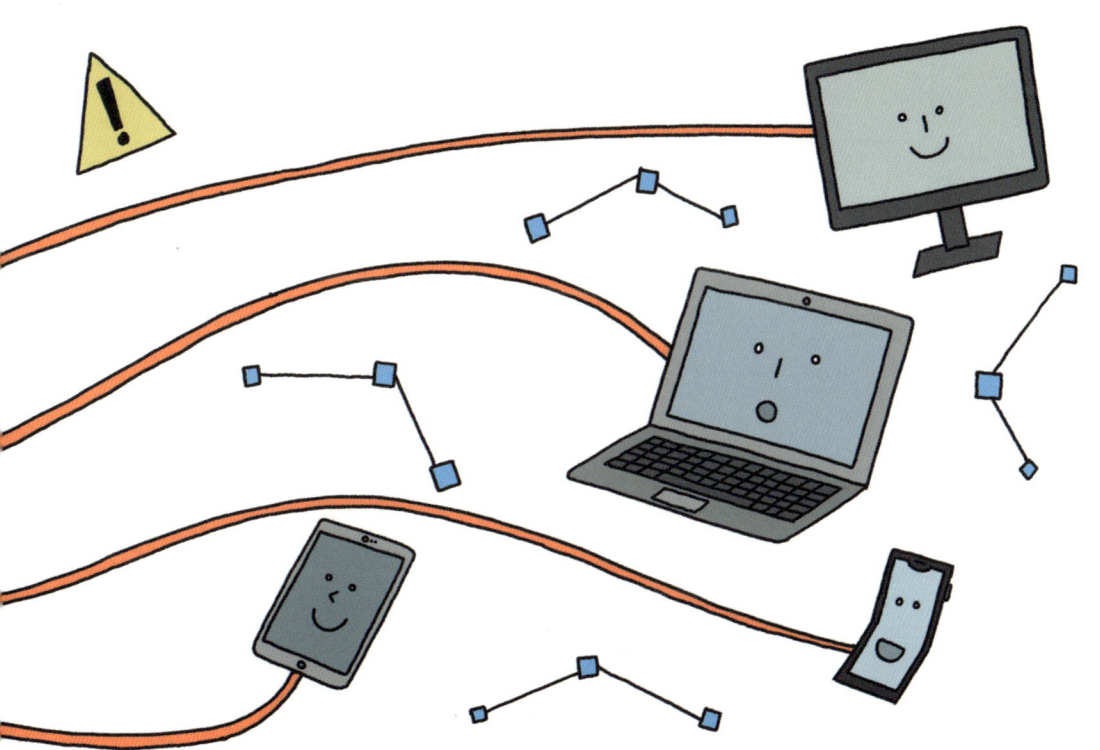

테스트 항목

1. 각 기능 버튼이 정확한 위치에 있는가? ☑
2. 각 기능 버튼의 디자인에는 문제가 없는가? ☑
3. 각 기능 버튼을 눌렀을 때 정상적으로 작동되는가 ☑

열심히 만든 소스에 오류가 생기면 안 되지! 배포할 때는 늘 긴장되더라. 휴, 드디어 끝났다!

"문제없네요! 고생하셨습니다."

숨 막히는 배포가 무사히 완료되었습니다.

"햄버거 배달 왔습니다!"

배포하는 날에는 이렇게 사무실에서 맛있는 음식을 배달시켜 먹곤 합니다. 두 사람은 회의실에서 햄버거를 먹으며 여유롭게 점심 시간을 즐깁니다. 이때 고코더 삼촌의 컴퓨터에서 요란스럽게 메일 알림이 울립니다. 아마도 준혁이에게 새로운 궁금증이 생긴 것 같습니다.

궁금증 해결!

Q. 개발자도 기획자처럼 다른 사람들과 의사소통할 일이 많은가요?

개발자라고 하면 보통 혼자 말없이 컴퓨터 화면만 바라보면서 바삐 키보드를 두드리는 모습을 상상하곤 하는데, 사실 개발자는 다른 사람들과 대화할 일이 너무 많답니다. 프로그램 하나를 만들 때도 기획자, 소프트웨어 테스터, 디자이너 등 많은 사람과 협업하기 때문에 코딩 능력뿐만 아니라 의사소통 능력도 필수로 갖춰야 하지요. 하지만 너무 걱정하지 마세요. 자신의 능력을 믿고, 동료를 존중하는 마음을 가진다면 누구와도 훌륭하게 소통할 수 있을 거예요.

Q. 개발자로 일하다 기획자가 될 수 있나요?

물론이죠. 개발자로 일하다 기획자가 되기도 하고, 기획자로 일하다 개발자가 되기도 해요. 기획자와 개발자는 하는 일이 다르지만, 함께 프로그램을 만들면서 자연스럽게 서로의 일을 배울 수 있어요. 고코더 삼촌도 개발자로 일하지만 가끔은 직접 프로그램 기획을 한답니다.

Q. 고코더 삼촌은 어린이들이 영상을 보고 나서 좋아요 버튼과 공유하기 버튼을 잇따라 클릭한 횟수가 많았는지 어떻게 알았을까요?

인스타그램을 하다 보면 마음에 드는 게시물에 좋아요 버튼을 누를 때가 있죠? 인스타그램은 누가 좋아요 버튼을 눌렀는지, 언제 눌렀는지, 좋아요 버튼을 누르고 나서 댓글을 쓰지는 않았는지 등 사용자의 행동을 모두 기록하고 있어요. 마치 떠든 친구 이름을 칠판에 적듯이, 온라인 서비스들은 우리의 행동을 세세하게 기록한답니다. 이런 기록을 **로그(LOG)**라고 해요. 개발자와 기획자 등 온라인 서비스를 관리하는 사람들은 로그를 통해 사용자들의 행동을 분석할 수 있어요. 어린이가 좋아하는 게시물인지, 여성이 좋아하는 게시물인지, 어느 시간대에 어떤 집단의 사람들에게 좋아요를 많이 받았는지 등에 대한 정보를 모두 알 수 있답니다. 고코더 삼촌도 로그를 통해 어린이들이 좋아요 버튼을 누르고 나서 공유하기 버튼을 누른 횟수가 많았다는 걸 알 수 있었던 것이지요.

5
회의를 시작하겠습니다!

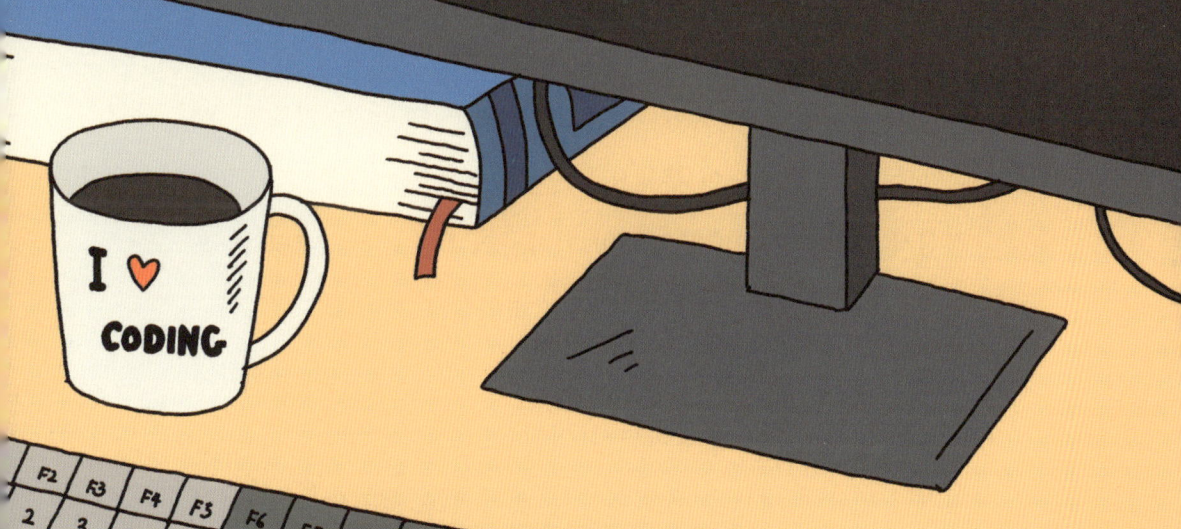

프로젝트란 무엇인가요?

"프로젝트 회의를 시작하겠습니다! 저희 팀 개발자, 기획자, 테스터 모두 회의실에 모여 주세요."

점심시간이 끝나자마자 김지원 팀장님의 목소리가 우렁차게 울립니다. 팀원들은 각자 노트북을 들고 회의실로 향합니다.

고코더 삼촌의 회사는 1년에 두 번씩 큰 프로젝트를 진행합니다. 동영상 서비스를 운영하면서 어린이들이 불편해했던 기능을 고치거나 필요한 기능을 새로 만드는 것이 주요 목표입니다. 회의에 참석한 고코더 삼촌의 스마트폰 알림이 울립니다. 미처 읽지 못한 메일이 다시 한번 알림을 보낸 모양입니다.

고코더 삼촌은 스마트폰을 쥔 손을 탁자 밑으로 내려 조심조심

메일함을 열어 봅니다. 그리고 준혁이의 메일을 천천히 읽습니다.

보낸 사람: 이준혁

받는 사람: 고코더

삼촌, 김지나 이모가 보내 주신 메일 잘 받았어요. 코딩을 하는 것만큼 고치는 것도 중요하다는 걸 새롭게 알게 됐어요. 제가 좋아하는 춤도 틀릴 때마다 포기하지 않고 다시 연습하면 점점 더 잘 추게 되더라고요. 코딩도 마찬가지라니 정말 재미있을 것 같아요.

삼촌과 이모 덕분에 개발자가 하는 일을 조금은 알 것 같아요! 그런데 제가 개발자가 되면 유튜브 같은 프로그램을 만들고 싶다고 했었잖아요. 인터넷에 검색하다 보니 프로그램을 만들 때 '프로젝트'라는 걸 한다고 나오는데, 프로젝트가 뭔지 알고 싶어요!

때마침 오늘은 프로젝트 시작 회의 날입니다. 고코더 삼촌은 잠시 생각에 잠깁니다. 항상 당연하게 생각해 오던 프로젝트가 무엇인지 정리해 볼 필요가 생겼습니다. 준혁이에게 프로젝트에 대해 어떻게 설명해야 할지 고민하고 있을 때, 김지원 팀장님의 우렁찬

목소리가 들려옵니다.

"고코더 대리님! 집중해 주세요. 오늘부터 중요한 프로젝트가 시작됩니다. 아셨죠?"

김지원 팀장님이 화이트보드에 크게 적힌 '메타버스'라는 글자를 가리키며 큰 목소리로 외칩니다.

"아, 네! 물론이죠. 메타버스 프로젝트를 시작하는 날이잖아요."

머쓱해진 고코더 삼촌은 괜히 노트북의 자판을 치면서 회의에 집중하는 척합니다.

세상의 모든 회사는 각각의 방식으로 회의를 합니다. 고코더 삼촌이 다니는 IT 회사는 어떨까요? 회의하는 모습을 한번 살펴봅시다.

"땡~"

팀장님이 회의실 책상 위에 놓인 싱잉볼을 두드립니다. 잔잔하면서도 모두를 긴장시키는 특별한 진동이 전달됩니다. 이 소리는 회의의 시작과 끝을 알리는 고코더 삼촌네 팀만의 신호입니다. 싱잉볼은 김성현 선배가 인도 여행지에서 사 온 것입니다. 이렇게 독특하고 재미있는 아이디어를 적극적으로 실행하는 것이 IT 회사의 특징이기도 하답니다.

"모두 모이셨죠?"

    회의에 참석한 팀원들은 고개를 두리번거리며 서로를 바라봅니다. 두리번거리던 고개가 멈추고 다시 팀장님에게 시선이 돌아가자, 모두 참석했다는 무언의 응답을 받은 팀장님이 말합니다.

    "그럼, 회의를 시작하겠습니다."

    회의를 시작할 때 참석자를 파악하는 것은 매우 중요합니다. 논의할 분야의 담당자가 참석해야 회의를 원활하게 진행할 수 있기 때문입니다. 그럼, 오늘 회의의 참석자를 살펴볼까요?

    우선 고코더 삼촌이 맨 앞에 앉아서 키보드를 열심히 두드리고 있습니다. 개발자 김성현 선배는 자리에 앉아 여유롭게 커피를 마시고 있네요. 기획자 이온유 씨는 벌써 노트에 회의 주제에 대한 생각을 빼곡히 써 내려가고 있고요. 소프트웨어 테스터 김지나 대리는 태블릿으로 무언가를 열중해서 보고 있네요. 슬쩍 살펴보니 오전에 생겼던 오류를 검토하고 있는 것 같습니다. 이렇게 고코더 삼촌의 팀원들이 모두 모였어요. 개성 강한 팀원들이 모인 만큼 재미있는 회의가 될 것 같네요.

"오늘의 주제는 메타버스 프로젝트입니다."

메타버스라는 단어는 고코더 삼촌의 편지에 잠깐 등장한 적이 있죠. 마침 오늘의 회의 주제도 메타버스입니다. 김지원 팀장님이 화이트보드에 적힌 '메타버스'라는 글씨를 손가락으로 툭툭 치면서 주제를 강조하고 있어요.

게임 속 주인공이 되고 싶다고 생각해 본 적 있나요? 많은 어린이가 직접 캐릭터가 되어 게임 속 공간에서 뛰어노는 꿈을 꾸곤 했습니다. 이젠 이 꿈이 현실이 되었어요. 바로 메타버스라는 가상의 세계에서 말이죠.

고코더 삼촌이 다니는 회사에서는 어린이들이 신나게 뛰어놀 수 있는 영상 속 가상 세계를 만들고 싶어 합니다. 여러분이 가상 현실 속 아바타로 생활하면서 사회, 경제, 문화적 활동을 할 수 있는 멋진 세계가 바로 메타버스예요. 만약 메타버스가 우리의 삶 속에 들어온다면 가상 세계에서도 현실 세계처럼 전 세계 친구들을 자유롭게 만나고, 가상 공간에 새롭게 나만의 집을 지어서 생활할 수도 있을 거예요. 삶의 공간이 두 배가 되는 거지요.
 자, 이제 메타버스 프로젝트를 진행하기 위한 회의가 본격적으로 시작되었습니다.
 "우리 시스템에 메타버스를 어떻게 적용하면 좋을지 함께 고민해 봐요. 의견 있으시면 자유롭게 말씀해 주시면 됩니다."

팀원들이 너 나 할 것 없이 적극적으로 의견을 주고받기 시작합니다. 참, 고코더 삼촌의 회사에는 세 가지 회의 규칙이 있어요.

〈회의 규칙〉
• 어떤 아이디어든 일단 경청한다.
• 미리 안 될 거라고 부정적으로 말하지 않는다.
• 비판이 아닌 비난은 하지 않는다.

팀원들은 이 규칙들을 마음에 새기고 서로를 존중하며 의견을 주고받습니다. 회의가 시작된 지 한 시간쯤 지나 팀장님이 싱잉볼을 두드려 회의의 끝을 알립니다.

"좋아요! 오늘 회의는 여기까지입니다. 각자 맡은 부분 열심히 해 주시고요. 특히 고코더 대리님은 메타버스를 개발하려면 구체적으로 어떤 것들을 준비해야 하는지 알아봐 주세요!"

팀장님은 흐뭇한 얼굴로 화이트보드를 가득 채운 글씨를 지웁니다. 팀원들은 각자 노트북을 챙겨 일어납니다.

"수고하셨습니다! 우리 모두 메타버스를 멋지게 만들어서 어린이들에게 신비한 세계를 선물해 줍시다!"

기획자 이온유 씨가 우렁찬 목소리로 팀원들에게 힘을 불어넣자 모두 두 주먹을 불끈 쥐며 의지를 다집니다. 고코더 삼촌은 자리에서 일어나지 않고 노트북으로 무언가를 열심히 적고 있습니다. 이 모습을 본 팀장님이 슬며시 다가와 묻습니다.

"고코더 대리님, 뭘 그렇게 열심히 쓰세요?"

고코더 삼촌은 노트북을 팀장님 쪽으로 돌려 준혁이와 주고받은 메일을 보여 주면서 말합니다.

"준혁이라는 어린이에게 메일이 왔는데, 유튜브 같은 프로그램을 만드는 개발자가 되는 게 꿈이래요. 궁금한 게 있다며 이것저것 묻길래 제가 답장해 주고 있었어요. 이번엔 프로젝트가 무엇인지 묻는 메일이 왔는데, 막상 답장을 하려니 쉽지 않네요."

"아, 정말요? 멋진 어린이네요. 프로젝트는 개발자가 되고 싶다면 꼭 알아야 하는 단어죠. 대리님이 답장하는 게 어려우시다면, 제가 한번 써 볼까요? 제가 프로젝트를 주도적으로 진행하는 사람이니까 쉽게 설명해 줄 수 있지 않을까 해요. 미래의 개발자와 주고받는 메일, 재밌겠는데요!"

팀장님은 싱긋 웃으며 고코더 삼촌이 대답하기도 전에 자리에 앉아 준혁이에게 메일을 쓰기 시작합니다.

보낸 사람: 김지원

받는 사람: 이준혁

준혁아, 안녕! 나는 고코더 삼촌과 함께 일하는 김지원이야. 고코더 삼촌네 팀에서 팀장을 맡고 있지. 유튜브 같은 프로그램을 만드는 개발자가 되는 게 꿈이라며? 마침 내가 프로젝트 진행을 맡고 있는데, 네가 프로젝트에 대해 알고 싶어 한다길래 쉽게 설명해 주려고 해.

혹시 축구를 좋아하니? 축구는 11명이 한 팀이 되어 하는 운동 경기잖아. 개인 경기가 아니기 때문에 각자가 맡은 역할의 책임을 다하는 것이 무엇보다 중요해. 공격수는 최대한 많은 골을 넣어야 하고, 수비수는 상대편 공격수의 득점을 막아야 하고, 골키퍼는 골대를 향해 날아오는 공을 막아야 하지. 이렇듯 축구는 각자가 맡은 역할을 열심히 해야만 승리할 수 있어.

프로젝트도 축구와 같아. 기획자, 개발자, 소프트웨어 테스터, 디자이너 등의 팀원들이 각자가 맡은 분야에서 열심히 일해서 하나의 멋진 작품을 만들어 내는 게 바로 프로젝트란다. 우리 팀의 이번 프로젝트 주제는 메타버스 개발이야. 이 프로젝트에 성공하기 위해서는 팀원들이 정해진 기간 내에 맡은 바를 잘 해내야 해. 개발자는 열심히 코딩해서 프로그램을 만들고, 기획자는 프로그램이 잘 만들어지도록 아이디어를 내고, 소프트웨어 테스터는 프로그램에 오류가 없는지 체크, 또 체크해야 하지.

만약 네가 우리 회사의 개발자가 된다면 메타버스가 잘 운영되도록 코드를 짜야겠지? 그 안에서 어린이들이 가상의 캐릭터로 즐겁게 활동할 수 있도록 말이야. 팀원들과 힘을 합쳐 프로젝트에 성공하면 다른 어린이들이 준혁이가 만든 멋진 메타버스 세계에서 마음껏 뛰어놀 수 있게 되는 거야.

프로젝트는 각자의 자리에서 책임감을 가지고 공동의 목표를 향해 함께 달려가는 과정이야. 프로젝트에 성공하기 위해서는 개발자뿐만 아니라 기획자, 소프트웨어 테스터, 디자이너 등 많은 사람의 노력과 도움이 필요하다는 걸 꼭 기억해 줘. 언젠가 준혁이도 개발자가 되어서 메타버스를 뛰어넘는 멋진 프로젝트를 성공시킬 수 있기를 바라!

보내기

순식간에 메일을 써 내려간 팀장님은 기지개를 켜면서 말합니다.

"우리가 하는 프로젝트가 어린이들에게 꿈과 희망을 심어 주는 일이 될 수도 있다는 생각이 드네요. 준혁이는 분명 멋진 프로젝트를 성공시키는 개발자가 될 것 같아요!"

"네, 꼭 그랬으면 좋겠네요."

짧은 대화를 마치고 고코더 삼촌과 팀장님은 각자의 자리로 돌아갑니다.

개발자의 책상

회의하느라 시끌시끌했던 사무실이 갑자기 조용해집니다. 모두 각자의 자리에 앉아 일을 하고 있습니다. 서류를 들고 여기저기 뛰어다니는 사람들도 없고 회의실도 텅 비었네요. 왜 그런 걸까요? 바로 오후 1시부터 3시까지는 '집중 근무 시간'이기 때문입니다. IT 회사에서는 왔다 갔다 하면서 서로 의견을 전달할 일이 많아 자신의 업무에 오롯이 집중하기가 힘듭니다. 그래서 고코더 삼촌의 회사에서는 방해받지 않고 자신의 업무만 할 수 있는 시간을 만들었습니다. 집중 근무 시간제 덕분에 업무 효율도 올라가고, 야근도 피할 수 있게 되었답니다.

고코더 삼촌도 일에 집중하고 있어요. 좀 더 가까이서 살펴보니 혼잣말을 하면서 열심히 코드를 짜고 있네요.

"음, 여기는 이렇게 짜고, 저기는 이렇게 짜야겠군."

그런데 고코더 삼촌의 책상에 조금 특이한 점이 보입니다. 모니터를 두 대나 쓰고 있네요. 심지어 삼촌 뒤에 앉아 있는 김성현 선배의 책상에는 모니터가 세 대나 있어요. 지나가던 하유진 씨가 의아한 표정으로 고코더 삼촌에게 묻습니다.

"선배님, 왜 모니터를 두 대나 쓰시는 거예요?"

"아, 아주 간단해요! 모니터 두 대를 쓰면 한 대를 쓰는 것보다 더 많은 코드를 볼 수 있기 때문이에요. 모니터가 많아질수록 코드를 입력할 수 있는 공간이 넓어져요. 공간이 넓어지면 한 번에 더 많은 코드를 입력할 수 있겠죠? 작은 스케치북보다 큰 스케치북에 그림을 더 많이 그릴 수 있는 것처럼요."

이번엔 하유진 씨의 눈길이 모양이 특이한 키보드로 향합니다.

"선배님! 키보드가 굉장히 크고 모양도 이상한 데다가 타자 소리까지 특이하네요? 게임 패드를 두드리는 소리 같기도 해요. 이건 무슨 키보드인가요?"

고코더 삼촌의 커다란 검정색 키보드가 요란한 조명과 독특한 소리를 뿜내고 있습니다.

"아, 이건 기계식 키보드예요. 자판마다 아래에 스프링이 달려서 누를 때마다 통통 튀어 올라 요란한 소리가 나는 거예요. 자판을 칠 때 손가락의 피로감이 적기도 하고, 재미있는 소리가 나서 코딩하는 게 덜 지루하기도 해요."

고코더 삼촌은 키보드 하나도 예사롭지 않네요. 이번에는 마우스가 눈에 띕니다.

"마우스도 신기하게 생겼네요! 흔히 볼 수 있는 마우스는 납작한데, 이건 산처럼 솟아 있네요?"

고코더 삼촌은 친절하게 마우스를 들어서 자세히 보여 줍니다. 마치 공상 과학 영화에 나오는 UFO를 닮았습니다. 고코더 삼촌은 왼손으로 오른쪽 손목을 주무르면서 이야기합니다.

"이건 손목의 피로를 줄여 주는 '버티컬 마우스'예요. 일반 마우스와 달리 손목에 무리가 가지 않도록 설계된 특별한 마우스랍니다. 코딩할 때 키보드뿐만 아니라 마우스를 장시간 사용하다 보면 손목이 아파요. 그래서 버티컬 마우스를 쓴답니다. 신기하죠?"

고코더 삼촌은 책상 위에 있는 컴퓨터를 가리키며 말을 이어 갑니다.

"뭐니 뭐니 해도 개발자에게 가장 중요한 기계는 컴퓨터예요. 보통 개발자는 엄청나게 비싸고 성능이 뛰어난 컴퓨터만 사용할 거리고 생각하기 쉬운데, 맞는 말이기노 하고 틀린 말이기도 해요. 흔히 게임을 하기 위해서 컴퓨터를 구매하는 경우가 많은데, 게임하기에 문제없는 컴퓨터 사양 정도면 충분히 코딩도 할 수 있답니다. 물론 성능이 아주 뛰어난 컴퓨터가 필요한 코딩 작업도 있지만, 개발자 대부분은 그리 비싸지 않은 컴퓨터로 일하고 있어요."

고코더 삼촌의 컴퓨터는 얇은 노트북입니다. 고코더 삼촌은 이걸로도 충분히 코딩할 수 있다는 듯한 자신만만한 표정으로 노트북을 들어서 하유진 씨에게 보여 줍니다. 하유진 씨와의 대화가 끝나고, 고코더 삼촌은 좋은 생각이 떠올랐는지 바로 메일 창을 켜 무언가 열심히 써 내려갑니다.

보낸 사람: 고코더
받는 사람: 이준혁

준혁아, 안녕! 김지원 팀장님이 보낸 메일은 잘 받았니? 방금 우리 팀 신입 사원 유진 씨와 잠깐 대화를 나눴는데, 네게도 도움이 될 것 같아서 이렇게 메일을 보낸다.

개발자에게는 어떤 준비물이 필요할까? 가장 먼저 필요한 건 컴퓨터야. 지금 준혁이가 쓴 메일도 모두 컴퓨터로 보내고 있지? 그렇다면 개발을 위한 필수품은 이미 준비된 거란다. 아주 비싼 컴퓨터가 아니어도 괜찮아. 네가 좋아하는 게임을 실행할 수 있는 정도의 성능을 가진 컴퓨터라면 충분히 코딩도 가능하거든. 그다음엔 코드를 입력할 수 있는 키보드와 마우스가 필요하겠지? 키보드와 마우스 역시 일하면서 불편하지 않을 정도의 성능만 있으면 된단다.

가장 중요한 준비물은 아직 말하지 않았어. 무엇일 것 같니? 그건 바로 자신감이야! 개발자는 하루하루가 숙제의 연속이야. 프로그램을 만들기 위해 코딩할 때 늘 마음대로 되지만은 않거든. 코드를 잘못 입력해서 오류가 생기면 입력했던 코드를 하나하나 수정해서 문제를 해결해야 하고, 가끔은 컴퓨터가 제멋대로 말썽을 부리기도 해. 컴퓨터가 내는 숙제를 해결하려고 온종일 고민할 때도 있지.

이때 무엇보다 필요한 건 컴퓨터나 키보드 같은 기기가 아니라, 포기하지 않고 반드시 문제를 해결하고야 말겠다는 끈기와 자신감이야. 아무리 성능이 뛰어난 컴퓨터가 있어도 자신감이 없으면 아무것도 할 수 없거든. 나는 준혁이가 코딩할 때뿐만 아니라 항상 무엇이든 해낼 수 있다는 마음으로 씩씩하게 지냈으면 해. 궁금한 점이 생기면 또 메일 보내렴!

고코더 삼촌은 다시 일에 집중하기 시작합니다. 책상에는 멋진 컴퓨터와 전자 기기들이 널려 있지만, 무엇보다도 눈을 빛내며 일에 열중하는 고코더 삼촌의 모습이 가장 돋보입니다.

고코더 선생님과 유튜브 만들기 3

✱ 동영상 플레이어 삽입하기

여러분, 안녕! 이번 시간에는 동영상 플레이어를 삽입해 볼 거예요. 어려울 것 같다고요? 전혀요! 차근차근 따라 하다 보면 순식간에 멋진 웹사이트가 탄생할 거예요. 자, 시작해 볼까요?

```html
<html>
  <body>
    <h3> 준혁이의 유튜브에 오신 것을 환영합니다. </h3>
    <video src="http://commondatastorage.googleapis.com/gtv-videos-bucket/sample/BigBuckBunny.mp4" controls>
    </video>
  </body>
</html>
```

홈페이지 인사말 바로 아래에 동영상 플레이어가 나타나도록, 제목 태그인 `<h3>` 아랫줄에 비디오를 삽입하는 태그를 입력해 볼게요.

`<video>` : 동영상 플레이어를 만들어 주는 코드예요. 비디오 태그를 입력해도 아무것도 만들어지지 않았다고요? 걱정 마세요. 아직 어떤 영상을 등장시킬지 정해 주지 않았기 때문에 동영상 플레이어가 생기지 않는 거랍니다. 비디오 태그 안에 재생시킬 동영상의 주소를 입력해야 동영상 플레이어가 생겨요.

`src` : 웹사이트에 등장시킬 사진이나 영상의 링크, 즉 주소를 입력하는 부분이에요. 이 뒤에 나타내고 싶은 영상의 주소를 입력하면 동영상 플레이어가 등장해요.

`http://commondatastorage.googleapis.com/gtv-videos-bucket/sample/BigBuckBunny.mp4` :
우리가 등장시킬 동영상의 주소예요. 구글에서 제공하는 무료 영상이지요. 내비게이션에 내가 갈 곳의 주소를 정확히 입력해야 목적지에 안전히 도착할 수 있는 것처럼, 코딩할 때도 내가 원하는 동영상을 재생하려면 반드시 주소를 틀림없이 입력해 줘야 해요.

`controls` : 재생/정지 버튼을 만들어 주는 코드예요. 이 코드를 입력하지 않으면 플레이어를 재생하거나 정지할 수 없어요.

`</video>` : 앞서 배웠듯이 태그를 입력했다면 종료 태그인 / 기호를 입력해 태그를 닫아 줘야겠죠? `</video>` 태그를 입력해 `<video>` 태그를 닫아 주세요.

⁎ 동영상 플레이어에 속성 추가하기

이번에는 동영상 플레이어에 다양한 속성을 추가해 봅시다.

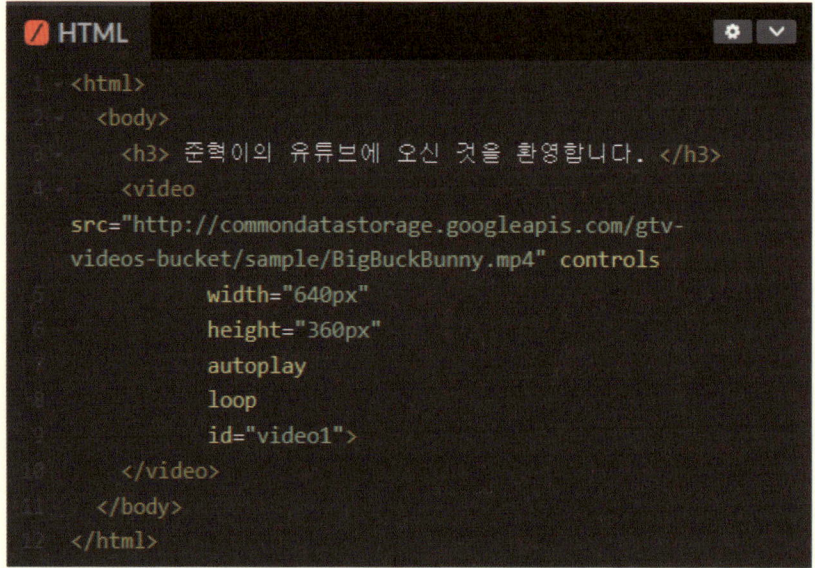

`width` : 플레이어의 가로 길이를 뜻해요. **px**는 픽셀(pixel)의 줄임말로, 화면을 이루는 무수한 점들의 가장 작은 단위랍니다. 우리는 **640px** 정도의 적당한 크기로 동영상 플레이어를 만들 거예요.

`height` : 플레이어의 세로 길이를 뜻해요. 세로는 가로 길이보다 짧게, **360px**로 입력해 봅시다. 이렇게 하면 유튜브처럼 직사각형 모양의 영상이 만들어진답니다.

`autoplay` : 동영상을 자동으로 재생시키는 코드예요. 재생 버튼을 누르지 않아도 자동으로 동영상이 재생되게 만들어 준답니다. 유튜브 홈페이지에서 영상을 클릭하면 재생 버튼을 누르지 않아도 자동으로 영상이 재생되죠? 바로 이 코드를 이용했기 때문이랍니다.

`loop` : 영상을 반복해서 재생시키는 코드예요. 영상이 끝나면 다시 재생 버튼을 누르지 않아도 자동으로 영상을 반복 재생시켜 주지요.

`id` : 동영상 플레이어에 이름을 붙여 주는 코드예요. 아까 만든 플레이어에 `video1`이라는 이름을 붙여 줍시다. 왜 이름을 붙여 주냐고요? 곧 알게 될 거예요!

자, 이번에도 잘 따라오셨나요? 점점 완전한 동영상 플레이어가 되어 가네요. 다음 시간에는 우리가 만든 동영상 플레이어를 좀 더 멋지게 꾸며 봅시다.

115

6
개발자는
어떤 일을 하나요?

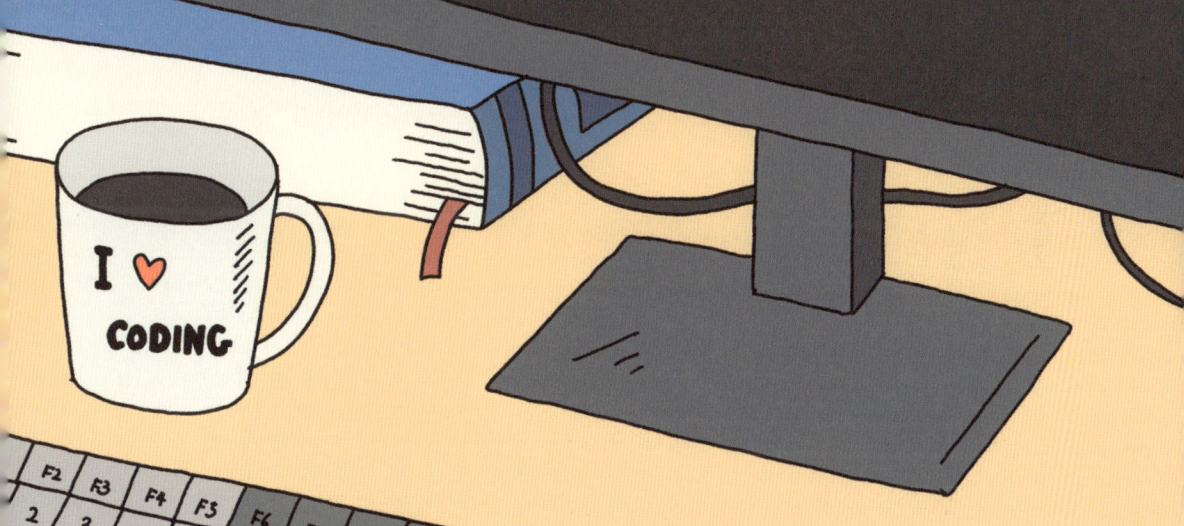

프런트엔드와 백엔드

"집중 근무 시간 동안 고생하셨습니다! 곧 사내 개발자 교육을 시작할 예정이니 모두 회의실에 모여 주세요."

적막하던 사무실에 팀장님의 우렁찬 목소리가 울려 퍼집니다. 고코더 삼촌의 회사에서는 정기적으로 개발자를 위한 코딩 교육을 실시합니다. IT 업계는 다른 업계에 비해 변화 속도가 매우 빠릅니다. 그중에서도 코딩은 끊임없이 공부와 연구를 거듭해야만 발전할 수 있는 분야이기 때문에 회사에서는 개발자들의 지속적인 성장을 돕기 위해 힘씁니다.

"개발자 여러분, 다들 모이셨나요?"

회의실에 개발자들이 모두 모였습니다. 숫자를 세어 보니 열 명이네요. 고코더 삼촌, 김성현 선배, 하유진 씨는 맨 앞에 앉았습니다. 나란히 앉은 세 사람은 강의 내용을 필기하기 위해 노트북에 메모장 프로그램을 켜 놓고 강의가 시작되기만을 기다리고 있습니다.

"지난주에 말씀드린 것처럼 한 시간 동안 코딩 교육을 진행하겠습니다. 오늘은 외부에서 강사님을 모셨습니다. 모두 박수로 환영해 주세요. 이진현 선생님입니다."

깔끔하게 정장을 차려 입고 안경을 쓴 강사님이 웃으며 인사를 합니다.

"짝짝짝!"

모두 강사님을 향해 힘차게 박수를 칩니다. 고코더 삼촌도 열심히 박수를 치는데 노트북 화면에 메일 한 통이 날아옵니다. 준혁이에게 또다시 질문이 생긴 것 같습니다. 고코더 삼촌은 잠깐의 틈을 이용해 메일을 읽어 봅니다.

보낸 사람: 이준혁
받는 사람: 고코더

삼촌, 보내 주신 메일 잘 받았어요! 개발자가 되려면 엄청나게 비싼 컴퓨터와 장비들이 필요할 줄로만 알았는데, 정작 마음가짐이 가장 중요하다는 건 모르고 있었네요. 삼촌 말씀대로 무슨 일이든 자신감을 가지고 끈기 있게 해 볼게요!

인터넷에서 이것저것 검색하다 보니 개발자에도 다양한 종류가 있더라고요. 크게 프런트엔드 개발자와 백엔드 개발자로 나뉜다는 것까지는 알겠는데, 둘이 어떤 차이가 있는 건지 궁금해서 삼촌께 여쭤보고 싶었어요. 제 전화번호는 010-○△□○-△□○△예요. 혹시 시간이 되신다면 전화로 설명해 주셔도 좋아요.

메일을 읽고 한숨 돌리자마자 강의가 시작됩니다.

"안녕하세요, 여러분! 만나서 반갑습니다. 오늘 교육의 주제는 바로 개발자 여러분에게 너무나도 친숙한 '프런트엔드'와 '백엔드'입니다. 아주 기본적인 개념이기 때문에 우리 개발자들이 정확하게 알아야 하는 단어죠. 마침 처음으로 교육에 참여하는 신입 사원분도 계신다고 들어서, 오늘은 프런트엔드와 백엔드에 대해 누구나 이해할 수 있도록 쉽게 설명해 보려고 합니다."

고코더 삼촌은 번뜩이는 아이디어가 떠올랐는지 갑자기 번쩍 손을 듭니다.

"네! 교육이 시작되기도 전에 질문하는 열정적인 분이 계시네요. 고코더 개발자님이시군요. 어떤 질문이 있어서 손을 드셨을까요?"

고코더 삼촌이 자리에서 일어납니다.

"제가 요즘 준혁이라는 초등학생과 메일을 주고받고 있거든요. 개발자가 되는 게 꿈이라면서 이것저것 물어보길래 열심히 대답해 주고 있어요. 그런데 준혁이가 방금 프런트엔드와 백엔드가 무엇인지 궁금하다고 하네요. 마침 오늘 강의 주제이기도 해서 좋은 아이디어가 떠올랐는데, 제안 하나 드려도 될까요?"

이진현 강사님이 안경을 치켜올리며 흥미롭다는 표정을 짓습니다.

"오호, 벌써부터 개발자를 꿈꾸나 보군요. 기특한 어린이네요. 그런데 아이디어가 있으시다고요? 왠지 저도 알 것 같군요. 혹시 화상 전화로 이 강의에 준혁이를 초대하자는 제안을 하시려는 건가요?"

"네, 맞아요. 메일을 주고받는 것만으로는 자세히 설명하기가 어려웠는데, 적극적으로 질문하는 준혁이가 기특해서 좀 더 많은 걸 알려 주고 싶어요. 아직 인사도 제대로 나누지 못한 게 아쉽기도 하고요. 강의에 준혁이를 초대한다면 준혁이에게도, 우리에게도 잊지 못할 즐거운 시간이 되지 않을까 합니다. 혹시 다른 분들의 의견은 어떠신지요?"

김성현 선배가 기다렸다는 듯이 큰 목소리로 고코더 삼촌의 의견에 동조합니다.

"좋네요! 미래의 개발자와 지금의 개발자가 한자리에서 강의를 듣는 것만큼 의미 있는 일이 어디 있겠어요?"

김성현 선배가 박수를 치기 시작하자 나머지 개발자들도 박수와 함께 환호합니다. 고코더 삼촌은 얼굴에 미소를 띄우고 강사님을 바라봅니다. 강사님은 동의의 의미가 담긴 눈빛을 보냅니다. 고코더 삼촌은 싱글벙글한 표정을 지으며 바로 준혁이에게 화상 전화를 겁니다.

"뚜르르……, 뚜르르……."

몇 번의 신호음이 가고, 화면에 앳된 얼굴을 한 준혁이가 나타납니다.

"준혁아, 안녕! 고코더 삼촌이야."

준혁이는 쑥스러운지 화면에 얼굴을 반만 비춘 채 대답합니다.

"안녕하세요, 삼촌."

"드디어 네 얼굴을 보게 되었구나. 다시 한번 반가워! 지금 삼촌 네 회사에서 네가 궁금해하는 프런트엔드와 백엔드에 대한 강의를 하는데, 너도 함께 강의를 들어 보는 건 어때? 강사님이 아주 쉽고 친절하게 설명해 주신다고 하니까 혹시나 어려울까 봐 걱정하지 않아도 돼."

고코더 삼촌이 상냥하게 이야기합니다.

"네, 좋아요……."

"그럼 우리 함께 강사님 말씀에 집중해 보자!"

고코더 삼촌은 강사님의 얼굴이 잘 나오도록 책상 앞에

스마트폰을 고정합니다. 시끌벅적한 회의실이 조용해지고 드디어 강의가 시작됩니다.

"오늘은 프런트엔드와 백엔드의 세계를 아주 쉽고 재미있게 설명해 보려고 해요. 여러분 모두 영화관에 가 본 적이 있겠죠? 영화관의 커다란 스크린에 쏘아진 빛을 따라가 보면 영화관 맨 뒤에 있는 작은 기계의 구멍에서 빛이 발사되고 있는 걸 볼 수 있어요. 감독과 배우들이 땀 흘려 만든 영화가 영사기라는 작은 기계를 통해 흘러나오고 있는 거예요. 여기서 영화가 흘러나오는 스크린을 프런트엔드에, 열심히 빛을 쏘아 화면을 비추는 영사기를 백엔드에 비유할 수 있어요. 우리가 잘 아는 유튜브 같은 웹사이트, 카카오톡 같은 앱 들도 모두 프런트엔드와 백엔드로 이루어져 있지요. 웹상의 프로그램이나 웹사이트를 만드는 웹 개발자와 스마트폰 앱을 만드는 앱 개발자 중에서 프런트엔드를 만드는 사람을 프런트엔드 개발자, 백엔드를 만드는 사람을 백엔드 개발자라고 해요. 좀 더 자세히 알아볼까요?"

> 프런트엔드

웹사이트에 접속하면 화려한 화면이 보이죠? 이때 우리의 눈에 보이는 화면이 바로 프런트엔드예요. 이 화면은 크게 세 단계의 기술로 만들어진답니다. 바로 **HTML, JavaScript, CSS**예요. 조금 어려운 단어들이죠?

쉽게 설명해 볼게요. 사람의 얼굴을 3단계로 나눠 볼까요? 처음에는 앙상한 뼈대만 있는 해골, 그다음은 살이 붙어서 우리가 볼 수 있는 흔한 얼굴의 모습, 마지막으로 멋지게 모자도 쓰고 안경도 써서 한껏 꾸민 상태로 나눌 수 있어요. 웹사이트도 이렇게 뼈대와 살과 멋진 액세서리까지 갖추고 있어야 해요. 가장 먼저 **HTML**이라는 언어로 웹사이트의 뼈대를 만들고, **JavaScript**라는 언어로 뼈대에 살을 붙여 주고, **CSS**라는 언어로 살이 붙은 뼈대를 꾸며 주면 멋진 웹사이트가 완성된답니다. 만약 우리가 밥도 잘 먹고 운동도 열심히 해서 큰 키를 갖는다 해도 뼈 밖에 없는 해골의 모습이라면 어떨까요? 아무런 개성이 없을 거예요.

우리가 적당히 살도 찌우고 모자도 쓰면서 개성을 뽐내는 것처럼 프런트엔드라는 기술로 웹사이트에도 개성 있고 멋진 화면을 등장시킬 수 있어요. 프런트엔드 개발자의 역할은 우리 눈에 보이는 화면을 멋진 모습으로 꾸미는 거예요. 화면을 잘 꾸며야 사람들의 관심을 끌 테니까요. 준혁 학생은 유튜브를 좋아한다고 들었어요. 유튜브에 들어가면 다양한 동영상이 깔끔하게 나열되어 있고, 적절한 위치에 좋아요 버튼과 공유하기 버튼이 있죠? 이것들이 바로 프런트엔드 개발자와 디자이너가 예쁘게 꾸며서 만든 작품이에요.

프런트엔드 개발자들은 화면에 보이는 것을 움직이게 만드는 역할도 해요. 코딩으로 "사용자가 이 버튼을 누르면 이렇게 움직여라!"라고 명령을 내리는 거죠. 유튜브에서 구독 버튼을 누르면 해당 채널이 내 구독 리스트에 추가되는 것처럼, 컴퓨터가 우리의 명령을 따를 수 있도록 만들어 주는 거랍니다.

백엔드

백엔드는 우리 눈에 보이지 않아요. 우리 눈에 보이는 프런트엔드와 반대 개념이라고 볼 수 있죠. 백엔드는 크게 서버와 데이터베이스로 구성되어 있어요.

서버 　　　　데이터베이스

서버는 우리에게 필요한 자료들을 제공해요. 웹사이트에 접속하면 그림, 글자, 동영상 등이 보이죠? 이런 재료들은 모두 서버라는 곳에 저장되어 있어요. 음식점 안쪽의 보이지 않는 주방에서 음식이 나오듯, 서버라는 주방 역시 우리 눈에 보이지는 않지만 방대한 자료를 저장하고 있다가 프런트엔드에 전달해요. 서버에서는 자바, 파이썬, 노드제이에스(Node.js) 등 다양한 프로그래밍 언어를 사용한답니다.

데이터베이스는 사용자의 데이터를 저장해요. 우리의 모든 정보가 담긴 주머니와 같죠. 서버 안에 데이터베이스라는 노트가 있고, 이곳에 사용자의 모든 정보가 기록되어 있어요. 우리가 유튜브에 접속해 어제 봤던 영상 기록을 확인할 수 있는 이유도 데이터베이스에 모두 기록되어 있기 때문이에요. 백엔드는 이런 데이터베이스의 정보를 꺼내서 프런트엔드에 주고, 프런트엔드는 이 정보들을 받아서 우리가 볼 수 있도록 화면에 뿌려 주지요. 백엔드는 보이지 않는 곳에서 우리에게 정보를 보내 주는 고마운 존재랍니다.

스마트폰 앱을 만드는 방법

"선생님, 질문 있어요!"

스마트폰 너머로 들리는 준혁이의 큰 목소리에 강사님이 웃으며 대답합니다.

"네, 준혁 학생. 얼마든지 질문해 보세요. 궁금한 게 무엇일까요?"

잠시 자리에 앉은 강사님은 고코더 삼촌에게 통화를 스피커폰 모드로 바꾸어 달라고 부탁합니다. 곧바로 준혁이의 목소리가 크게 들려옵니다.

"스마트폰 앱은 어떻게 만드는 거예요? 저는 유튜브 같은 웹사이트를 만드는 웹 개발자가 되는 게 꿈인데, 제 동생 민혁이는 스마트폰 앱을 만드는 앱 개발자가 되고 싶어 해요. 사실 지금 제 옆에 있는데, 멋진 앱을 만드는 방법을 알고 싶다고 졸라서요."

통화 화면에 앞니가 두 개만 보이는 귀여운 아이가 빼꼼 등장합니다. 준혁이 동생 민혁이네요.

"좋아요. 프런트엔드와 백엔드, 서버와 데이터베이스에 대해 배웠으니 이제 스마트폰 앱을 만드는 방법을 함께 알아봐요!"

강사님이 말하자 회의실에 모인 개발자들이 박수를 치며 환호성을 지릅니다. 두 번째 주제로 다시 강의가 시작됩니다.

"요즘은 누구나 스마트폰을 들고 다녀요. 지금 준혁 학생도 스마트폰으로 통화하고 있죠?"

강사 선생님은 자신의 스마트폰을 높이 들며 말하고, 듣고 있던 개발자들도 자신의 스마트폰을 한 번씩 슬쩍 보네요.

"그런데 스마트폰이란 무엇일까요? 준혁 학생, 한번 대답해 볼래요?"

갑작스러운 질문에 준혁이가 잠시 망설이다 말합니다.

"스마트폰은 만능 기계인 것 같아요. 인터넷도 하고, 전화도 하고, 게임도 하고, 유튜브도 보고, 앱도 설치할 수 있어요. 못 하는 게 없는 것 같아요!"

강사님이 박수를 치며 대답합니다.

"네, 맞아요. 정확하게 대답했어요. 스마트폰이란 컴퓨터의 일을 할 수 있는 휴대 전화를 말해요. 들고 다니는 작은 컴퓨터라고 할 수 있죠. 예전에는 집에서 엄마 몰래 컴퓨터를 하곤 했는데, 지금은 스마트폰으로 언제 어디서든 내 손안에서 컴퓨터를 사용할 수 있답니다. 민혁 학생이 만들고 싶어 하는 스마트폰 앱은 스마트폰 운영 체제에서 사람들의 편의를 위해 개발된 다양한 프로그램이에요. 스마트폰 앱을 만드는 앱 개발자는 크게 안드로이드

(Android) 앱 개발자와 iOS 앱 개발자로 나뉘어요. 스마트폰 운영 체제가 크게 안드로이드와 iOS로 나뉘기 때문이지요. 운영 체제는 뭔지, 앱은 어떻게 만드는 건지 궁금하죠? 함께 좀 더 자세히 알아볼까요?"

운영 체제

스마트폰 앱을 이해하기 위해서는 먼저 **운영 체제**가 무엇인지 알아야 해요. 모바일 운영 체제는 스마트폰의 부품인 메모리, 화면, CPU 등을 효율적으로 관리하고 사용자와 원활하게 의사소통하기 위해서 만들어진 소프트웨어 플랫폼이에요. 쉽게 설명해 볼게요. 컴퓨터를 맥도날드라고 생각해 볼까요?

운영 체제는 햄버거를 만드는 사람과 주문 기기, 요리 도구들이에요. 이

들은 햄버거를 만들기 위해 정해 놓은 규칙대로 움직이게 되지요. 햄버거를 주문하는 키오스크는 컴퓨터에 명령을 내리기 위한 기계인 **키보드**와 **마우스**, 주문을 받아 햄버거를 만드는 주방장은 **CPU**예요. 햄버거를 받치는 쟁반은 **메모리**라고 할 수 있고요. 이 모든 것을 포함하고 있는 게 운영 체제랍니다.

대표적인 모바일 운영 체제에는 구글 사의 안드로이드와 애플 사의 iOS가 있어요. 잘 쓰이지는 않지만, 마이크로소프트 사의 윈도즈 폰(Windows Phone), 블랙베리의 블랙베리 OS(Blackberry OS), 그리고 삼성전자의 타이젠(Tizen)도 있지요. 이번 시간에는 가장 많이 쓰이는 운영 체제인 안드로이드와 iOS에 대해 알아봅시다.

안드로이드는 전 세계에서 가장 많이 사용하는 모바일 운영 체제예요. 안드로이드는 인간과 똑같은 모습을 하고 인간과 닮은 행동을 하는 로봇을 말하는 단어이기도 하지요. 안드로이드는 2005년 구글이라는 회사가 앤디 루빈의 안드로이드라는 회사를 인수하면서 시작돼요. 안드로이드 사를 인수한 구글은 2007년 11월에 안드로이드 운영 체제를 무료로 공개한다고 발표했고, 2008년부터는 누구든 자유롭게 안드로이드를 이용할 수 있게 되었지요. 그래서 아이폰을 제외한 거의 모든 스마트폰에서 안드로이드 운영 체제를 사용할 수 있게 되었답니다.

하지만 사실 안드로이드보다 먼저 세상에 등장한 운영 체제는 애플 사의 **iOS**랍니다. iOS 하면 애플이 생각나고, 애플 하면 스티브 잡스가 생각날 거예요. 잡스는 항상 검정 터틀넥 티셔츠에 청바지, 그리고 스니커즈를 신고 다녔어요. 잡스는 2007년 1월 8일에 최초의 아이폰을 소개할 때에도 역시 똑같은 차림으로 무대 위에 섰지요. 그리고 이렇게 말했답니다.

"오늘 우리는 혁신적인 제품을 무려 세 개나 선보이려 합니다. 터치로 조작할 수 있는 와이드 스크린 iPod(애플의 초기 음원 재생 기기), 혁신적인 휴대폰, 그리고 획기적인 인터넷 통신 기기입니다. 그런데, 사실 이 세 개는 하나의 제품입니다. 우리는 세 가지 기능을 합쳐 만든 이 새로운 제품을 '아이폰(iPhone)'이라고 부릅니다. 오늘 애플이 휴대폰을 재발명할 것입니다."

iOS는 안드로이드와 다르게 애플 기기에서만 사용할 수 있는 운영 체제예요. 아이폰은 휴대폰에 문자를 입력하는 버튼식 키패드가 따로 없이 손가락으로 화면을 눌러 문자를 입력하는 정전식 터치스크린을 최초로 사용했어요. 말 그대로 세상에 없던 물건이 탄생한 것이지요. 최초의 스마트폰은 IBM이라는 회사의 사이먼(Simon)이라는 휴대폰이지만 우리가 현재 사용하고 있는 일반적인 형태의 스마트폰은 바로 잡스가 만든 아이폰이랍니다.

프로그래밍 언어

요즘에는 일상생활의 모든 일을 스마트폰이 한다고 해도 과언이 아니에요. 스마트폰 앱으로 치킨을 배달시키기도 하고, 은행 업무를 처리하기도 하고, 시공간에 상관없이 친구와 대화할 수도 있어요. 모든 것을 스마트폰과 앱으로 처리하는 것이 가능해진 세상이라고 할 수 있지요. 그렇다면 우리에게 꼭 필요한 스마트폰 앱은 어떻게 만들까요? 가장 먼저 프로그래밍 언어를 알아야 해요. 웹에서 프런트엔드와 백엔드를 만들 때처럼, 앱도 프로그래밍 언어로 코딩해서 만든답니다. 스마트폰 앱을 만들 수 있는 프로그래밍 언어에는 어떤 종류가 있는지 알아볼까요?

안드로이드 앱은 **자바**라는 언어로 개발할 수 있어요. 자바는 제임스 고슬링이 개발한 만능 프로그래밍 언어예요. 가방을 학교에 들고 가면 책가방, 산에 들고 가면 등산 가방, 그리고 여행을 가게 되면 여행 가방이 되지요? 가방이라는 하나의 물건을 다양하게 활용할 수 있는 것처럼, 자바는 다양한 곳에서 사용할 수 있도록 만들어진 언어예요. 만능 언어인 자바는 스마트폰 앱은 물론 웹사이트와 서버까지 만들어 낼 수 있답니다.

게다가 자바는 한국에서 가장 많이 사용하는 언어이기 때문에, 안드로이드 개발자가 자바를 다룰 줄 안다면 할 수 있는 일이 무척 많아진답니다. 혹시 어렵지 않냐고요? 다른 언어에 비해 조금 어렵긴 해도, 자바를 배워 두면 다른 프로그래밍 언어를 배울 때 많은 도움이 된답니다.

iOS 앱은 **스위프트(Swift)**라는 언어로 개발할 수 있어요. 사람의 언어

가 시대에 따라 생기고, 없어지고, 발전하는 것처럼 프로그래밍 언어도 같아요. 스위프트는 탄생한 지 그리 오래되지 않은 언어예요. 2014년 9월에 정식으로 발표되고 이제 막 발돋움을 시작한 언어지만, 짧은 시간에 빠르게 발전했어요. 스위프트라는 이름의 유래도 '신속한', '재빠른'이라는 뜻의 영어 단어랍니다.

iOS 앱을 개발하려면 애플에서 개발한 MacOS라는 운영 체제가 꼭 필요해요. 이 운영 체제를 이용하려면 애플의 맥(Mac)이라는 컴퓨터를 사야 하지요. 안드로이드는 윈도즈(Windows) 컴퓨터로도 개발이 가능하지만 iOS는 비싼 애플 컴퓨터가 반드시 필요하다는 단점이 있답니다.

자바와 스위프트가 무엇인지 알게 되었지만, 실제로는 어떻게 앱을 개발해야 할지 몰라 막막할 수 있어요. 그래서 구글과 애플은 쉽게 앱을 개발할 수 있도록 돕는 개발 도구를 제공합니다. 구글은 **안드로이드 스튜디오(Android Studio)** 라는 프로그램을, 애플은 **엑스 코드(Xcode)** 라는 프로그램을 제공하지요. 이 개발 도구들은 개발자 대신 복잡한 코드를 작성해 주는 등 앱 개발에 도움을 준답니다. 그렇다고 개발 도구만

가지고 쉽게 앱을 만들 수 있는 건 아니에요. 우선 프로그래밍 언어를 열심히 공부한 다음에 개발 도구의 도움을 받아야 효율적으로 앱을 만들 수 있답니다.

"준혁, 민혁 학생, 어때요? 조금 감이 잡히나요? 이제 멋진 웹사이트와 앱을 만들 수 있을 것 같아요?"

강사님은 열정적으로 강의하느라 흘린 땀을 손수건으로 닦아 내면서 말합니다. 스마트폰 화면에서는 준혁, 민혁 형제가 볼을 맞대고 대답합니다.

"네! 아직 잘은 모르지만 선생님이 가르쳐 주신 대로 열심히 공부하다 보면 분명 멋진 개발자가 될 수 있을 것 같아요!"

회의실에 있던 개발자들도 박수를 치면서 환호합니다. 고코더 삼촌이 큰 목소리로 말합니다.

"준혁이와 민혁이가 꼭 개발자가 되어서 우리와 함께 일했으면 좋겠다!"

강사님이 흐뭇한 미소를 지으며 말합니다.

"이것으로 오늘 강의를 마치겠습니다. 열심히 강의를 들어 준 개발자 여러분과 준혁, 민혁 학생에게 감사드립니다."

강의가 끝나자 준혁이와 민혁이가 숨겼던 얼굴을 모두 드러내고 초롱초롱한 눈으로 환하게 웃고 있네요. 이때 고코더 삼촌의 얼굴이 화면에 등장합니다.

"준혁아, 어때? 이제 조금 이해가 됐니? 지금 당장 모든 걸 완벽하게 알 필요는 없어. 지금처럼 궁금한 것부터 하나씩 질문하면서 차근차근 알아 가다 보면 언젠가는 너도 멋진 개발자가 될 거야. 삼촌은 지금도 여전히 성장해 나가는 중이란다."

고코더 삼촌의 따뜻한 말에 준혁이가 싱글벙글 웃습니다.

텅 빈 회의실에서 고코더 삼촌이 마지막으로 문을 닫고 나갑니다. 벌써 퇴근 시간이 다가오고 있습니다. 드디어 길었던 하루가 끝날 시간인데, 갑자기 사무실이 시끄러워지기 시작했어요. 이런, 고코더 삼촌의 회사에서 운영하는 동영상 사이트에 오류가 발생한 모양이네요. 고코더 삼촌이 서둘러 자리로 돌아가 컴퓨터를 켜고 빨간색으로 쓰인 코드로 가득한 화면을 바라봅니다. 무슨 일인지 알아보아야겠어요!

궁금증 해결!

Q. 개발자는 왜 항상 공부해야 하나요?

코딩은 유행이 바뀌는 속도가 매우 빨라요. 마치 패션처럼 말이죠. 작년에 유행하던 옷과 올해 유행하는 옷이 다른 것처럼, 코딩 언어도 마찬가지예요. 빠르게 변화하는 유행에 뒤처지지 않으려면 항상 다양한 언어와 코딩 방법을 공부해야 하지요. 하지만 너무 걱정하지 마세요. 코딩 언어의 종류는 아주 많지만 모두 비슷한 모습을 하고 있어서 열심히 공부한다면 금방 익힐 수 있거든요.

Q. 프런트엔드와 백엔드 개발을 모두 잘하는 개발자는 없나요?

축구를 할 때도 공격수, 수비수, 골키퍼까지 모두 잘하는 친구가 있죠? 프런트엔드와 백엔드를 모두 개발할 수 있는 개발자를 '풀스택 개발자'라고 불러요. 프로그램을 만들기 위한 모든 기술을 가지고 있는 개발자이지요. 저는 어린이 여러분들이 다양한 분야에서 실력을 뽐낼 수 있도록 풀스택 개발자에 도전해도 좋을 것 같아요. 고코더 삼촌도 풀스택 개발자로 일하고 있답니다.

Q. 혼자서도 스마트폰 앱을 만들어 볼 수 있나요?

혼자서 앱을 만들어 보겠다니 대단한걸요? 스마트폰 앱을 만드는 건 까다롭고 어려운 일이지만, '앱 인벤터(MIT App Inventor)'라는 사이트에서는 복잡한 과정 없이 안드로이드 앱을 만들어 볼 수 있답니다. 유튜브로 '앱 인벤터 강의'를 검색하면 다양한 무료 강의들이 나와요. 강의를 보고 연습하면서 나만의 멋진 앱을 만들어 보세요.

Q. 고코더 삼촌도 어릴 때 앱이나 프로그램을 만든 적이 있나요?

개발자를 꿈꾸던 초등학교 시절, 'RPG Maker'라는 프로그램으로 게임을 만든 적이 있어요. 나만의 주인공을 만들고, 주인공만이 가진 개성 있는 이야기를 만들고, 주인공이 모험할 신비한 세계를 만들어 주면 멋진 게임이 완성되지요. 그때 삼촌은 전 세계를 떠돌면서 100명의 동료를 모으는 게임을 만들었는데, 친구들은 재미없다고 하더라고요. 하지만 괜찮아요. 게임을 만드는 동안 정말 즐거웠고, 그 뒤로 개발자라는 직업과 더 가까워졌거든요. 어린이 여러분도 하고 싶은 것이 있다면 주저하지 말고 도전해 보세요!

7
비상사태! 장애가 발생했어요!

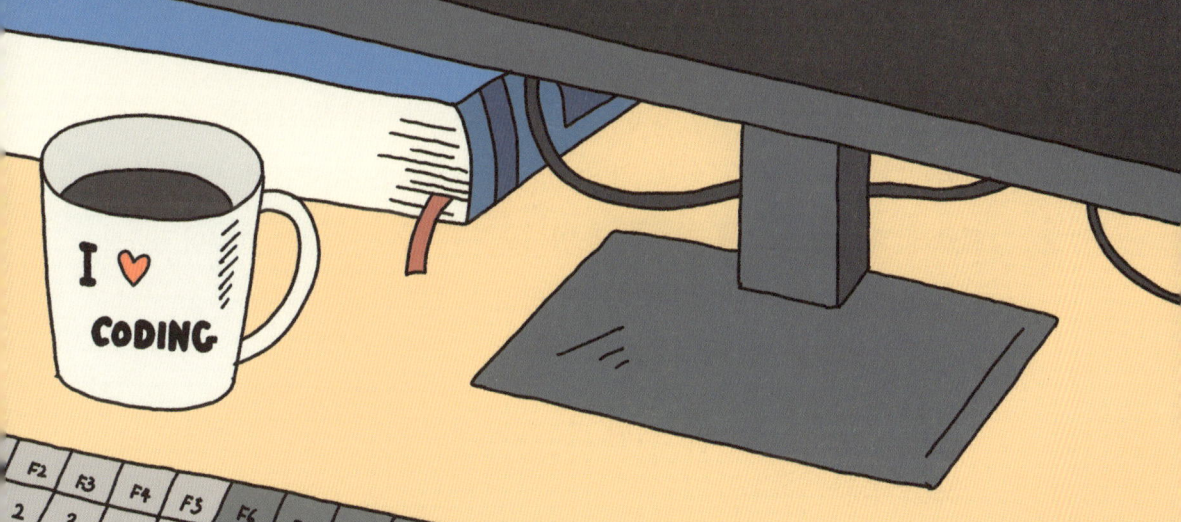

언제나 비상사태에 대비하는 개발자

"지금 사이트에 장애가 발생했어요! 접속이 안 되고 있어요!"

김지나 대리가 큰 소리로 외칩니다. 개발자들은 각자 자리에서 빠르게 회사 사이트에 접속하고 있어요. 무슨 일일까요? 고코더 삼촌 자리로 가 보니 빨간색 코드가 화면을 뒤덮고 있어요. 삼촌은 김성현 선배에게 뛰어가서 무언가 말하고 있습니다.

"선배! 디도스 공격이 시작된 것 같아요. 사이트 접속량이 엄청나게 증가하고 있어요!"

김성현 선배가 침착하게 컴퓨터에 긴 코드를 입력합니다. 그리고 무언가를 확인해 보더니 고코더 삼촌에게 대답합니다.

"맞아, 지금 홈페이지가 디도스 공격을 받고 있어. 우선 우리 홈

페이지에 지속적으로 접속을 시도하는 IP를 차단하자. 그래야 공격이 멈출 거야. IP 주소는 '123.123.123.123'이야. 서버 팀에 이야기해서 해당 IP가 접속하지 못하도록 요청 부탁해!"

고코더 삼촌은 어디론가 전화를 걸더니 긴급하게 말합니다.

"안녕하세요, 서버 담당자님! 고코더입니다. 지금 우리 홈페이지가 디도스 공격을 받고 있습니다. 해당 사용자의 접속을 차단해 주세요. 그러면 정상적으로 사이트 접속이 이루어질 것 같습니다."

"네, 알겠습니다. 지금 바로 조치하겠습니다."

고코더 삼촌은 빠르게 김지나 대리 자리로 가서 말합니다.

"테스터님, 다시 한번 확인해 주세요!"

김지나 대리가 마우스로 사이트 여기저기를 클릭합니다. 긴장감이 흐릅니다. 홈페이지 여러 곳을 마우스로 클릭하면서 정신없이 화면을 확인해 보지만 그 어느 때보다도 시간이 천천히 흘러가는 것 같습니다. 두 사람은 그렇게 5분 정도 함께 화면을 쳐다보더니 이내 안도의 한숨을 내쉽니다.

"정상적으로 돌아왔어요! 이제 안심해도 될 것 같아요."

개발자의 야근

"자, 잠깐 주목해 주세요!"

김지원 팀장님이 사무실 한가운데 서서 큰 목소리로 말합니다.

"오늘 일어난 일에 대해 이야기 나누고, 똑같은 일이 발생하지 않도록 몇 가지 요청을 드릴까 합니다. 참, 혹시 유진 씨는 디도스가 무엇인지 알고 있나요?"

하유진 씨는 잠시 고개를 기웃합니다.

"디도스는 '새로고침 테러'라고도 해요. 누군가 웹사이트의 새로고침 기능을 한 번에 엄청난 횟수로 실행하면 웹사이트가 한계에 도달하고, 결국 사이트가 멈추게 돼요. 이게 바로 디도스이지요. 이렇게 사이트를 공격하는 해커들을 방어하는 것도 개발자의 역할입니다. 공격이 언제 다시 시작될지 모르니 오늘 개발자님 몇 분이

남아서 상황을 좀 지켜봐 주셨으면 합니다."

팀장님의 말이 끝나자 고코더 삼촌과 김성현 선배가 동시에 손을 듭니다. 고코더 삼촌이 말합니다.

"저와 김성현 선배님이 오늘 일어난 사건에 대해 잘 알고 있으니 저희가 남아서 홈페이지가 잘 돌아갈 수 있도록 몇 가지 확인해 보겠습니다."

팀장님은 고개를 끄덕이며 말합니다.

"좋아요. 그럼 두 분, 부탁드립니다. 벌써 6시네요. 오늘도 모두 수고 많으셨어요. 일 마치신 분들은 퇴근하세요!"

이때 준혁이의 메일이 도착합니다.

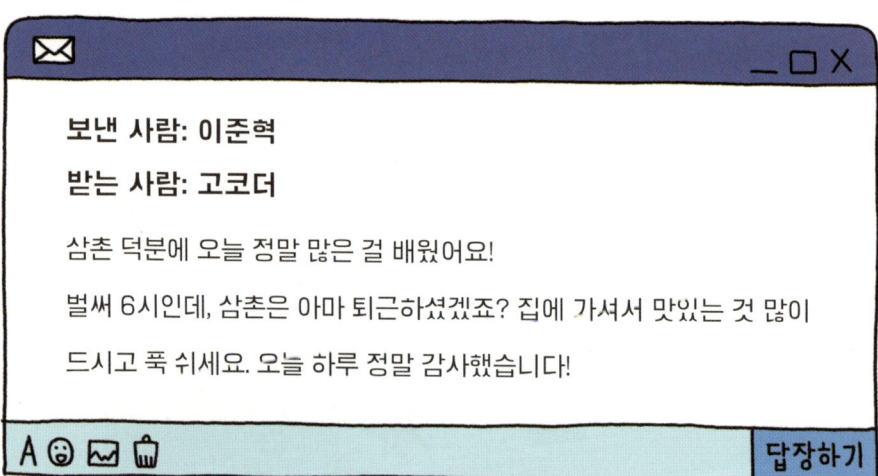

보낸 사람: 고코더

받는 사람: 이준혁

안녕, 준혁아! 난 아직 회사에 있어. 홈페이지가 멈추는 긴급한 일이 있었거든. 그래서 회사에 남아서 다시 오류가 생기지 않도록 일하고 있단다. 개발자들에게는 각자 맡은 임무가 있어. 맡은 일에 문제가 생기면 늦게까지 회사에 머무르더라도 끝까지 해결하려는 책임감 있는 자세가 필요하지. 준혁이가 밤늦게까지 숙제를 끝내려고 최선을 다하는 것처럼, 개발자도 자신의 일에 최선을 다해야 한단다.

개발자는 종종 야근을 해야 해. 약속한 시간에 코딩을 완료하지 못할 수도 있고, 오늘처럼 긴급 상황이 발생할 수도 있기 때문이지. 늦게까지 일하는 게 피곤하기도 하지만 많은 사람이 즐겁고 편리하게 프로그램을 사용할 수 있도록 최선을 다하는 거란다.

보내기

'답장도 썼으니 이제 일을 해 볼까?'

메일을 보내고 난 뒤 고코더 삼촌은 다시 남은 일을 합니다. 든든한 선배와 함께 맛있는 야식도 먹고, 조용한 사무실에 음악을 틀어 놓고 자유롭게 일할 수 있어서 나름 즐거운 시간입니다.

나도 개발자

고코더 선생님과 유튜브 만들기 4

✱ 동영상 플레이어 꾸미기

여러분, 안녕! 이번 시간에는 동영상 플레이어를 예쁘게 꾸며 볼 거예요. 동영상 플레이어에 테두리를 만들고 색을 입혀 줍시다.

CSS를 기억하고 있나요? 바로 인사말을 꾸몄던 공간이에요. HTML로 만든 결과물에 옷을 입혀 주는 공간이지요. CSS에서는 글자뿐만 아니라 동영상 플레이어의 스타일도 다양하게 바꾸어 줄 수 있어요. 이번 시간에는 CSS 칸에서 동영상 플레이어를 꾸며 볼게요. 인사말을 꾸몄던 코드 아래에 이어서 입력해 주세요.

```css
h3{
    color: blue;
}
#video1 {
    border: 10px solid #c4302b;
    border-radius: 30px;
    transform: rotate(-5deg);
    position: absolute;
    top: 30%;
    left: 5%;
}
```

`#video1` : 이전 시간에 만든 동영상 플레이어에 **video1**이라는 이름을 붙여 줬던 것, 기억하나요? 우리가 꾸밀 대상의 이름을 선택해야 꾸밀 수 있기 때문에 이름을 붙여 주었던 거랍니다. 이름 앞에 **#**을 입력해서 우리가 만들었던 동영상 플레이어를 선택해 줍시다.

`border: 10px solid #c4302b;` : **border**는 테두리를 만들고 꾸미는 코드예요. 테두리를 만들었으니 좀 더 꾸며 볼까요? 테두리 두께를 **10px**로 지정해 봅시다. 실선을 뜻하는 코드인 **solid**를 입력하고 유튜브가 사용하는 빨간 색깔의 색상 코드인 **#c4302b**를 입력해 색깔도 바꿔 줄게요. 모든 색깔에는 이렇게 각자만의 고유한 색상 코드가 부여되어 있답니다. 참! 코드 뒤에 **;**를 입력해 주는 것, 잊지 마세요!

`border-radius: 30px;` : **border-radius**는 각진 테두리를 둥글게 만드는 코드예요. 이 뒤에 얼만큼 둥글게 만들지 숫자를 입력해 주면 되지요. **30px**로 해 볼까요? 이 정도면 아주 매끄러운 테두리가 완성된답니다.

`transform: rotate(-5deg);` : **transform**은 모양을 바꾸는 코드예요. 플레이어를 회전시켜서 살짝 비뚤게 만들어 볼까요? 동영상 플레이어를 회전시키는 코드인 **rotate**을 입력하고, **(-5deg)**를 입력해 왼쪽으로 살짝 회전시켜 주세요. 영상이 살짝 기울어져서 분위기 있게 변했어요!

`position: absolute;` : position은 위치를 정하는 코드예요. 이 뒤에 absolute를 입력해 동영상 플레이어가 움직이지 않도록 고정해 줍시다.

`top: 30%;` : top은 사이트 상단과 동영상 플레이어의 간격을 정해 주는 코드예요. 플레이어가 화면 상단에 너무 찰싹 붙어 있지 않게 해 주지요. 우리는 **30%** 정도 밑으로 떨어져 있게 해 줄 거예요.

`left: 5%;` : left는 사이트 왼쪽과 동영상 플레이어의 간격을 정해 주는 코드예요. 한 **5%** 정도 오른쪽으로 떨어져 있게 해 줍시다.

준혁이의 유튜브에 오신 것을 환영합니다.

짜잔! 멋진 동영상 플레이어가 탄생했습니다. 고코더 선생님과 함께하는 코딩 실습, 어떠셨나요?

우리는 간단한 동영상 플레이어를 만들어 보았지만, 본격적인 코딩의 세계에서는 우리가 상상하는 훨씬 멋진 일들을 현실로 만들어 낼 수 있답니다. 선생님과 함께 멋진 웹사이트를 뚝딱 만들어 냈듯이, 여러분이 앞으로 꿈꾸는 어떤 일이든 코딩으로 모두 이룰 수 있어요. 어떤가요, 설레지 않나요?

처음 보는 낯선 언어를 배우는 게 어려웠을 텐데, 포기하지 않고 멋지게 해낸 여러분이 정말 대단해요. 미래의 개발자 여러분, 정말 수고했어요!

8
개발자가 되려면 어떻게 해야 하나요?

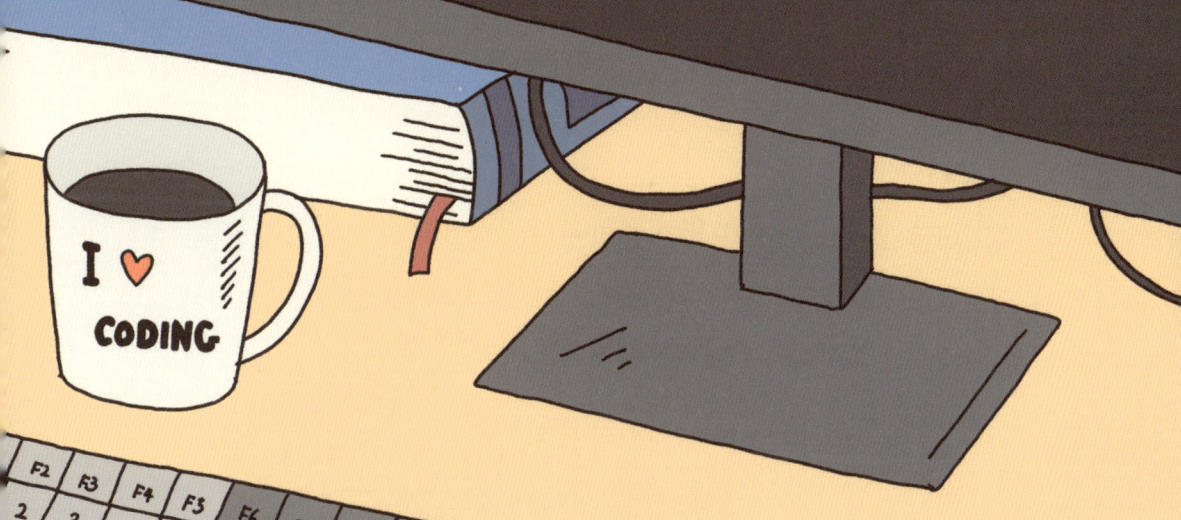

미래의 개발자에게 보내는 편지

"타닥, 타닥, 탁."

어둡고 조용한 회사 한구석이 모니터 불빛으로 환합니다. 바로 고코더 삼촌의 자리입니다. 퇴근 시간을 훌쩍 넘긴 저녁 8시이지만, 삼촌은 여전히 일에 열중하고 있습니다. 책상 위에는 먹다 남은 커피와 샌드위치가 널브러져 있습니다. 왼손에는 샌드위치를 들고, 오른손으로는 열심히 마우스로 코딩을 하고 있네요. 야근 시간에는 아무도 없이서 삼촌이 좋아하는 재즈 음악을 틀어 놓고 마음 편하게 코딩을 할 수 있답니다. 고코더 삼촌에게는 야근도 게임을 하는 것처럼 즐거운 시간입니다.

"띵동."

열심히 코딩하던 중에 또 메일이 옵니다. 이번에는 준혁이가 아니군요. 고코더 삼촌은 고개를 갸우뚱하며 메일을 열어 봅니다. 제목부터 심상치 않습니다. 함께 읽어 볼까요?

보낸 사람: 김가람

받는 사람: 고코더

제목: 안녕하세요! 저는 개발자를 꿈꾸는 대학생입니다.

안녕하세요, 고코더 님! 저는 경영학과 졸업을 앞둔 스물여섯 살 대학생입니다. 개발 관련 학과 전공자도 아니고 코딩에 대해 전혀 알지 못하지만, 뒤늦게나마 개발에 관심이 생겨 개발자의 길을 걷고 싶어 하는 평범한 학생이지요. 고코더 님께 개발자가 되기 위한 조언을 얻고 싶어 연락드렸습니다. 혹시 실례가 되지 않는다면 카카오톡으로 궁금한 점을 여쭤보아도 될까요? 제 연락처는 010-□○△□-△○□△입니다.

고코더 삼촌은 남은 샌드위치를 마저 먹고는 키보드를 가슴 앞으로 끌어당깁니다. 그리고 시원하게 기지개를 켜면서 또다시 새

로운 상담자와 이야기를 나눌 준비를 합니다. 컴퓨터로 카카오톡을 켜서 메일을 보낸 대학생과 친구를 맺은 뒤 대화를 시작합니다.

고코더님이 대화방에 입장하셨습니다.

고코더

안녕하세요, 고코더입니다! 보내 주신 메일을 읽고 연락드렸습니다.

안녕하세요, 고코더 님! 제 부탁에 흔쾌히 응해 주셔서 감사드립니다. 제가 개발자와 코딩에 대해 잘 모르다 보니 궁금한 점이 많습니다. 모두 여쭤봐도 될까요?

김가람

고코더

물론이죠! 제가 아는 선에서 최대한 조언을 드릴게요. 궁금한 것은 모두 물어보세요.

관련 전공

김가람: 저는 개발자나 코딩과는 관련 없어 보이는 경영학을 전공했습니다. 컴퓨터에 대해 깊게 공부하지 않은 저도 개발자가 될 수 있을까요? 아니면 다시 대학교에 가서 관련 학과를 전공해야 할까요?

고코더: 비전공자시군요. 걱정 마세요! 개발자가 되기 위해 꼭 컴퓨터 관련 학과에 진학해야 하는 것은 아니에요. 물론 관련 학과를 전공하고 개발자가 되는 것이 유리하지만 이미 지나온 시간을 되돌릴 순 없잖아요. 지금까지 공부해 온 경영학도 개발자로 살아가는 데 어떤 방식으로든 도움이 될 거예요. 제 주변에 실력 있는 개발자분들도 비전공자인 경우가 많답니다.

만약 대학원에 진학하시거나, 다시 대학교에 입학해 공부할 수 있다면 컴퓨터 공학과에 진학하는 걸 추천드려요. 컴퓨터 공학과에 진학하면 컴퓨터 구조에 대한 기본 지식, 하드웨어와 소프트웨어를 설계·개발하기 위해 필요한 각종 프로그래밍 언어, 운영 체제, 데이터베이스, 논리 회로, 네트워크 등의 이론과 기술을 체계적으로 공부할 수 있거든요. 이런 공부들을 차근히 해나가다 보면 기본이 튼튼한 개발자가 될 수 있을 거예요.

취업 방법

김가람: 그렇군요! 그렇다면 제가 비전공자로서 개발자가 되어 IT 회사에 취업할 수 있는 방법으로 무엇이 있을까요?

고코더: 우선, 국비 지원 코딩 교육 과정을 추천합니다. 국비 지원을 받기 때문에 수강비는 전액 무료이고, 훈련비로 약 300만~500만 원 정도의 지원금까지 받을 수 있답니다. 국비 지원 교육 과정은 효율적인 취업을 도와줘요. 비전공자에게 대학 4년의 교육 과정을 6개월로 요약해 가르쳐 주기 때문이죠.

두 번째로 부트 캠프 과정은 해외에서 인기 있는 프로그래밍 교육 방식이에요. 마치 군인이 되기 전에 거쳐 가는 신병 훈련소 같달까요. 단기간에 특정 과제를 수행하는 방식으로 프로젝트를 경험면서 프로그래밍 실습을 해 볼 수 있다는 장점이 있죠.

세 번째는 독학이에요. 사실 코딩은 혼자서도 충분히 공부할 수 있어요. 무료 강의가 온라인에 넘쳐 나거든요. 특히 유튜브는 개발과 코딩에 대한 지식을 쉽고 빠르게 습득할 수 있는 공간이랍니다.

개발자의 블로그를 살펴보는 것도 개발과 코딩을 공부하기에 매우 좋은 방법입니다. 코딩 관련 책을 사서 처음부터 끝까지 코딩 과정을 따라 해 보는 것도 좋은 방법이고요. 초등학생에게는 먼저 HTML을 공부해 보는 걸 추천하고, 대학생에게는 Java를 공부하는 걸 추천합니다.

저도 가람 님처럼 비전공자입니다. 저는 국비 지원 코딩 학원을 다니면서 저녁에는 따로 혼자 코딩 공부를 했어요. 책을 참고해 실습해 보고, 모르는 게 있으면 개발자 블로그를 보면서 공부하고, 유튜브에 올라온 무료 코딩 교육을 전부 따라 해 볼 정도로 열심히 공부했답니다. 결국 10년이 넘게 개발자로 일하고 있지요.

김가람: 왠지 저도 용기가 생기네요. 오늘부터라도 당장 코딩 공부를 시작하고 싶어요!

마음가짐

고코더: 아주 좋은 자세예요. 하지만 한 가지 기억할 게 있어요. 개발자는 끊임없이 자신의 한계에 도전하는 직업이에요. 날마다 새로운 문제와 싸워야 하지요. 그렇기 때문에 코딩 실력도 중요하지

만 무엇보다 도전 정신과 끈기가 필요해요. 며칠 동안 해결되지 않는 오류를 바라보면서 좌절할 때도 있겠지만, 그럴 때마다 지금의 마음가짐을 기억하세요. 무엇이든 할 수 있다, 끝까지 해낼 수 있다! 그런 태도가 개발자에게는 꼭 필요하답니다.

동료들과의 협동도 중요해요. 코딩은 혼자 하기보다 여럿이 하는 경우가 훨씬 많답니다. 그렇기 때문에 동료를 도울 수 있고, 동료와 함께 일할 수 있는 능력도 필요해요. 프로젝트는 나 혼자만의 과제가 아닌, 팀 모두가 함께 완성해야 하는 과제입니다. 협동하는 방법을 연습하기 위해서는 국비 지원 학원이나 부트 캠프에서 다른 개발자들과 함께 교육을 들어 보는 걸 추천합니다.

업계 환경

김가람: 정말 감사합니다! 생생한 설명을 들으니 벌써 개발자가 된 것만 같아요. 그런데 개발자로 사는 게 쉽지만은 않은 일일 것 같아요. 혹시 고코더 님은 개발자가 된 걸 후회한 적 없으세요?

고코더: 개발자는 정말 좋은 직업이에요. 우선 미래가 유망하고, 시간이 지날수록 개발자의 대우도 점점 좋아지고 있어요. 특히 미국에서는 개발자가 매우 인기 있는 직업이고, 훌륭한 개발자들이 일하는 구글은 꿈의 직장이라고도 불리지요.

코딩은 현실에 있는 것들을 온라인 가상 세계로 옮겨 줍니다. 집 안 쇼파에 앉아서 쇼핑을 할 수 있게 만들어 주고, 시공간에 상관없이 친구와 대화할 수 있게 만들어 주죠. 세상은 점점 디지털 세계로 변해 가고 있고, 그에 따라 개발자의 역할이 점점 더 중요해지고 있어요. 지금도 개발자를 찾는 회사는 많지만 그에 비해 개발자 수는 턱없이 부족하답니다.

저는 이 직업을 선택한 걸 후회한 적이 없어요. 반대로 '만약에 내가 개발자가 되지 않았으면 얼마나 불행했을까?'라는 상상을 해 본 적은 있지요. 가람 님도 포기하지 말고 개발자라는 직업에 도전해 보세요. 앞으로의 미래가 행복하고 뿌듯한 날들이 될 거라는 생각이 듭니다.

상담이 끝난 후 고코더 삼촌은 기지개를 켭니다. 이마에는 땀이 송글송글 맺혔습니다. 졸음이 몰려오는지 남은 커피를 한 번에 다 마시고는 복잡한 코드가 가득한 프로그램을 실행합니다. 다시 업무를 시작하려는 것 같네요.

  시계를 보니 벌써 밤 9시가 다 되어 갑니다. 모두가 퇴근한 사무실에서 홀로 일하는 게 피곤할 법도 하지만 고코더 삼촌은 또다시 열심히 키보드를 두드립니다. 이때 스마트폰에 메시지가 날아옵니다.

  "띵동! 선물이 도착했습니다."

  야근으로 고생하는 고코더 삼촌을 위해 팀장님이 보내온 커피 선물입니다. 늘 이렇게 응원해 주는 동료들이 있기에 고코더 삼촌의 야근이 외롭지만은 않습니다.

에필로그

개발자는 내일도 코딩을 합니다

"지금 몇 시지?"

어느새 10시가 넘었네요. 고코더 삼촌의 얼굴에는 피곤한 기색이 엿보입니다. 디도스 공격에 대비하기 위해 집중해서 사이트를 쳐다보다 지친 탓일까요. 그래도 든든하게 배달시켜 먹은 저녁 식사 덕분에 배는 고프지 않습니다.

'문제를 모두 해결한 것 같으니 슬슬 집에 가야겠군!'

고코더 삼촌은 모니터를 끄고 가방을 주섬주섬 챙겨 듭니다. 책상 위를 깔끔히 정돈하고는 사무실을 나섭니다. 오늘도 무사히 하루를 마무리했습니다.

'오늘 참 많은 일이 있었네. 미래를 책임질 훌륭한 개발자를 두 명이나 만나다니.'

집으로 가는 버스 안에서 고코더 삼촌은 잠시 생각에 잠깁니다. 아침부터 주고받은 준혁이와의 메일을 다시 읽어 보니 다시금 참 뿌듯해집니다. 버스로 30분 정도를 달려 집에 도착했습니다. 삼촌은 이제 무엇을 할까요?

고코더 삼촌은 집에 오자마자 샤워를 마치고 컴퓨터를 켭니다. 이런, 또 일하려고요? 아니면 게임?

삼촌은 요즘 코딩 공부를 하고 있습니다. 퇴근 후 저녁마다 새로운 기술을 공부하지요. 코딩 강의 블로그도 운영하고 있어요. 개발자들의 공부에 도움을 주기 위해 열심히 공부한 내용을 정리해서 올립니다. 고코더 삼촌 역시 다른 개발자들의 블로그에 있는 코딩 강의로 큰 도움을 받고 있답니다.

밤늦게까지 공부하던 고코더 삼촌은 문득 하루 동안 메일을 주고받은 준혁이가 떠올랐어요. 바빴던 하루를 마치면서 준혁이에게도 오늘 하루를 마무리하는 메일을 보내 주고 싶어졌지요. 삼촌은 메일을 쓰기 시작했어요. 이게 마지막 메일이 될 것 같네요.

보낸 사람: 고코더

받는 사람: 이준혁

준혁아! 벌써 밤이 깊었네. 아마 넌 자고 있겠지? 나는 집에 도착해서 씻고 다시 컴퓨터 앞에 앉았단다. 코딩 공부를 하기 위해서야.

개발자는 늘 공부하는 직업이야. 네가 학교에서 날마다 수업을 듣고 지식을 쌓는 것처럼 개발자들도 열심히 공부한단다. 새로운 코딩 기술이 빠르게 생겨나고, 다양한 방식의 프로그램이 탄생하기 때문이지.

네가 좋아하는 유튜브에서도 매일같이 새로운 영상들이 쏟아지잖아. 코딩의 세계에서도 매일 새로운 기술이 생겨난단다. 그래서 개발자는 언제나 공부해야 해. 이렇게 바쁘고 복잡한 개발과 코딩의 세계에서 길을 잃지 않으려면 어떻게 해야 할까?

가장 먼저, 할 수 있다는 자신감을 가져야 해. 코딩은 항상 너에게 '틀렸어.'라고 대답한단다. 제대로 코딩했다고 생각할 때도 실패를 경험하게 될 거야. 하지만 100미터 달리기에서 넘어져도 다시 일어나 달리면 완주할 수 있는 것처럼, 코딩도 마찬가지야. '나는 할 수 있다!', '해낼 수 있다!'라는 마음가짐이 가장 중요해.

두 번째로, 연습을 거듭해야 해. 혹시 축구 좋아하니? 나는 축구를 굉장히 좋아해. 그런데 실제로 연습은 하지 않고 항상 TV로 보기만 해서 그런지 막상 축구공을 잡으면 허우적대고 넘어지기 일쑤야. 눈으로만 보고 직접 발로 공을 차는 연습을 하지 않았으니까. 코딩도 마찬가지란다. 어렵더라도 직접 코딩하면서 프로그램을 만드는 연습을 해 보는 것이 중요해. 아주 간단한 것이라도 좋으니 꼭 직접 만들어 보렴.

세 번째로, 꾸준하게 하는 거야. 코딩은 끝없이 발전하는 분야란다. 앞서 말했듯이 매일 새로운 기술이 탄생해. 그렇기 때문에 늘 새로운 기술에 대한 관심을 가지고 내 것으로 만들기 위해 꾸준히 노력해야 해. 오늘 나에게 용감하게 메일을 보낸 것처럼 코딩을 할 때에도 항상 호기심을 가지고, 질문하고, 답을 찾아내는 게 중요하단다.

마지막으로, 오늘 나와 메일을 주고받으며 개발자의 하루를 경험해 본 것처럼 날마다 개발자가 되는 상상을 해 보렴. 꿈이라는 건 자주 떠올릴수록 가까워지는 게 아닐까? 네가 원한다면 앞으로도 종종 메일을 주고받았으면 해. 언제나 네 꿈을 응원한다!

보내기

미래의 개발자를 꿈꾸는 준혁이와 고코더 삼촌의 이야기는 이렇게 막을 내립니다. 준혁이가 고코더 삼촌과 주고받은 메일은 개발자가 되고 싶다는 간절한 꿈이 가져다준 선물이 아니었을까요. 내일이면 또 개발자의 하루가 시작될 것입니다. 프로젝트를 진행하고, 코딩을 하고, 회의를 하고, 가끔 쉬기도 하고, 맛있는 점심을 먹고, 야근도 하며 매일 그렇게 반복되겠지요.

   비슷해 보이는 일상이지만, 개발자의 하루하루는 모두 특별합니다. 컴퓨터에 마음을 담아 코딩으로 내리는 명령이 사람들의 일상에 스며들어 그들의 삶을 바꾸게 될 것이니까요. 모두의 행복한 삶을 위해 개발자는 오늘도, 내일도 코딩을 합니다.

보낸 사람: 고코더

받는 사람: 어린이 독자들

개발자를 꿈꾸는 어린이 여러분의 이야기를 들려주세요!

준혁이처럼 궁금한 점이나 하고 싶은 말을 담아 메일을 보내면 고코더 삼촌이 답장해 줄게요. 메일 주소는 gocoder@nate.com이랍니다!

※ 해당 메일은 익명으로 고코더의 온라인 글쓰기에 활용될 수도 있음을 알려 드립니다.

내가 하고 싶은 일, IT 개발자

1판 1쇄 발행일 2023년 4월 3일

지은이 고코더(이진현)
그린이 조승연

발행인 김학원
발행처 휴먼어린이
출판등록 제313-2006-000161호(2006년 7월 31일)
주소 (03991) 서울시 마포구 동교로23길 76(연남동)
전화 02-335-4422 **팩스** 02-334-3427
저자·독자 서비스 humanist@humanistbooks.com
홈페이지 www.humanistbooks.com
유튜브 youtube.com/user/humanistma **포스트** post.naver.com/hmcv
페이스북 facebook.com/hmcv2001 **인스타그램** @human_kids

편집 도아라 이영란 **디자인** 기하늘
용지 화인페이퍼 **인쇄** 삼조인쇄 **제본** 해피문화사

글 ⓒ 고코더(이진현), 2023
그림 ⓒ 조승연, 2023

ISBN 978-89-6591-500-3 73560

- 이 책은 저작권법에 따라 보호받는 저작물이므로 무단 전재와 무단 복제를 금합니다.
- 이 책의 전부 또는 일부를 이용하려면 반드시 저작권자와 휴먼어린이 출판사의 동의를 받아야 합니다.
- **사용 연령 8세 이상** 종이에 베이거나 긁히지 않도록 조심하세요. 책 모서리가 날카로우니 던지거나 떨어뜨리지 마세요.